essentials

essentials liefern aktuelles Wissen in konzentrierter Form. Die Essenz dessen, worauf es als „State-of-the-Art" in der gegenwärtigen Fachdiskussion oder in der Praxis ankommt. *essentials* informieren schnell, unkompliziert und verständlich

- als Einführung in ein aktuelles Thema aus Ihrem Fachgebiet
- als Einstieg in ein für Sie noch unbekanntes Themenfeld
- als Einblick, um zum Thema mitreden zu können

Die Bücher in elektronischer und gedruckter Form bringen das Expertenwissen von Springer-Fachautoren kompakt zur Darstellung. Sie sind besonders für die Nutzung als eBook auf Tablet-PCs, eBook-Readern und Smartphones geeignet. *essentials:* Wissensbausteine aus den Wirtschafts-, Sozial- und Geisteswissenschaften, aus Technik und Naturwissenschaften sowie aus Medizin, Psychologie und Gesundheitsberufen. Von renommierten Autoren aller Springer-Verlagsmarken.

Weitere Bände in der Reihe http://www.springer.com/series/13088

Mathias Schulze · Peter Seidel

Verdampfungsgleichgewicht und Dampfdruck

Grundlagen, Methoden und Anwendungen

Mathias Schulze
Freiberg, Deutschland

Peter Seidel
Freiberg, Deutschland

ISSN 2197-6708 ISSN 2197-6716 (electronic)
essentials
ISBN 978-3-658-19862-6 ISBN 978-3-658-19863-3 (eBook)
https://doi.org/10.1007/978-3-658-19863-3

Die Deutsche Nationalbibliothek verzeichnet diese Publikation in der Deutschen Nationalbibliografie; detaillierte bibliografische Daten sind im Internet über http://dnb.d-nb.de abrufbar.

Springer Spektrum
© Springer Fachmedien Wiesbaden GmbH 2018

Gedruckt auf säurefreiem und chlorfrei gebleichtem Papier

Springer Spektrum ist Teil von Springer Nature
Die eingetragene Gesellschaft ist Springer Fachmedien Wiesbaden GmbH
Die Anschrift der Gesellschaft ist: Abraham-Lincoln-Str. 46, 65189 Wiesbaden, Germany

- Eine Einführung in die Grundlagen des Verdampfungsprozesses
- Einen Überblick über Methoden zur Bestimmung des Dampfdrucks
- Ausgewählte Beispiele zum Vorkommen von Verdampfungsgleichgewichten in Natur und Technik
- Eine Musteranleitung zur erfolgreichen Bewältigung eines Praktikumsversuchs im Rahmen eines Studiums
- Übungsaufgaben zum Selbststudium

Inhaltsverzeichnis

Theoretische Grundlagen

1

1.1 Phasenübergänge

Tagtäglich begegnen uns Stoffe, die klassischerweise in drei unterschiedlichen Zustandsformen erscheinen, welche **Aggregatszustände** genannt werden: Fest (s), flüssig (l) und gasförmig (g). Die Änderung des Aggregatzustandes und die damit verbundene Phasenumwandlung von Stoffen sind uns aus dem alltäglichen Leben bekannt. Sei es das Schmelzen von Eis bei Tauwetter, das Kochen von Wasser im Kochtopf oder das Kondensieren von Wasser bei schwülwarmen Wetter – für viele Prozesse spielen Phasenübergänge eine wichtige Rolle. In Tab. 1.1 sind dabei die wichtigsten Phasenumwandlungen bei natürlichen Umgebungsbedingungen dargestellt.

Das Auftreten von Phasen in Abhängigkeit von externen Parametern wie z. B. Druck, p, und Temperatur, T, kann in einem Phasendiagramm (Zustandsdiagramm) veranschaulicht werden. In Abb. 1.1 ist die schematische Darstellung des p,T-Zustandsdiagramms eines Einkomponentensystems, bei dem nur ein Reinstoff betrachtet wird, ohne Modifikationswechsel wiedergegeben. Aus dieser Darstellung können für jeden Zustand p,T-Punktepaare abgelesen werden, wodurch jede Phase eindeutig charakterisiert ist. Fallen die p,T-Punkte auf eine der dargestellten Kurven, so befinden sich zwei Phasen in einem thermodynamischen Gleichgewicht. Liegt in einem System ein Gleichgewicht aus zwei Phasen vor, so heißt das System gemäß der *Gibbs'schen* Phasenregel[1], univariant. Hierbei kann nur einer

---

[1]*Gibb'sche* Phasenregel: P + F = K + 2, wobei P die Zahl der Phasen, K die Anzahl der Komponenten eines im Gleichgewicht befindlichen Systems darstellt und F die Anzahl der Freiheitsgrade ist.

© Springer Fachmedien Wiesbaden GmbH 2018
M. Schulze und P. Seidel, *Verdampfungsgleichgewicht und Dampfdruck,*
essentials, https://doi.org/10.1007/978-3-658-19863-3_1

Tab. 1.1 Natürlich vorkommende Phasenumwandlungen

Vorgang/Prozess	Phasenumwandlung	Gleichgewichtssystem
Schmelzen ↔ Erstarren	s → l bzw. l → s	Fest-flüssig
Verdampfen ↔ Kondensieren	**l → g bzw. g → l**	**Flüssig-gasförmig**
Sublimieren ↔ Resublimieren	s → g bzw. g → s	Fest-gasförmig
Modifikationswechsel	α-Form → β-Form	α-Form/β-Form

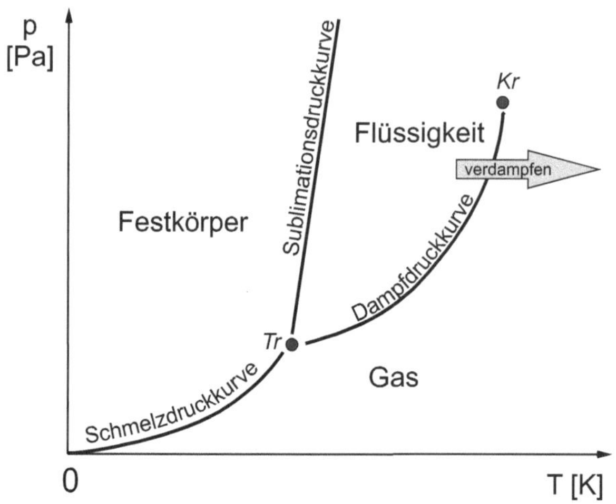

Abb. 1.1 p,T-Phasendiagramm für eine reine Substanz ohne Modifikationswechsel, *Tr* = Tripelpunkt, *Kr* = kritischer Punkt, *0* = absoluter Nullpunkt. (Eigene Darstellung nach Engel und Reid 2009, S. 202)

der externen Parameter (entweder Druck oder Temperatur) variiert werden, ohne dass sich der Aggregatszustand ändert. Das bedeutet, dass die Zustandsvariablen nicht mehr voneinander unabhängig sind. Diese Kurven werden Umwandlungs- kurven oder Koexistenzkurven genannt. An einer solchen Linie findet ein Phasen- übergang statt, bei dem sich die physikalischen und chemischen Eigenschaften eines Stoffes diskontinuierlich ändern. So verändern sich bei Temperaturzunahme physikalische Größen wie das Volumen, die Entropie und die Wärmekapazität der Substanz nichtlinear. Innerhalb der gängigen Klassifikation von Phasenumwand- lungen nach *Ehrenfest* fallen Aggregatszustandsänderungen in die erste Kategorie, bei der eine sprunghafte Änderung der oben genannten thermodynamischen Grö- ßen zu beobachten ist (siehe Abb. 1.2). Die drei Umwandlungskurven (Dampf- druckkurve, Schmelzdruckkurve und Sublimationskurve) treffen im Tripelpunkt

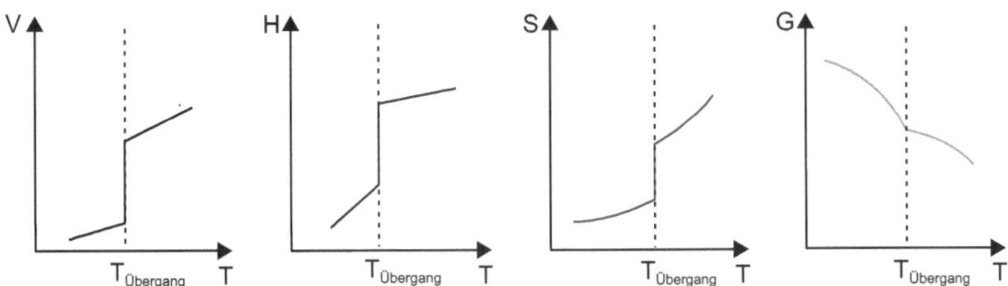

Abb. 1.2 Änderungen des Volumens *(V)*, der Enthalpie *(H)*, der Entropie *(S)* und der freien Enthalpie *(G)* bei Temperaturerhöhung. Die Phasenübergangstemperatur ist durch eine gestrichelte Linie gekennzeichnet

(Tr) ineinander, an dem sich alle Phasen im Gleichgewicht befinden. Sehr kleine Änderungen von Druck oder Temperatur führen zur sofortigen verstärkten Bildung von Feststoff, Flüssigkeit oder Gas. Im Fall von Wasser liegt dieser spezielle Punkt bei einem Druck von 612 Pa und einer Temperatur von 273,16 K (0,01 °C) (Wagner 1994). Eine weitere ausgezeichnete Stelle im Phasendiagramm ist der kritische Punkt, der sich am Ende der Dampfdruckkurve befindet. Unter diesen Bedingungen sind die Eigenschaften der Flüssig- und der Gasphase so weit angeglichen, dass sie nicht mehr zu unterscheiden sind. Praktisch bedeutet dies, dass ein Gas oberhalb dieser Temperatur nicht mehr verflüssigt werden kann bzw. eine Flüssigkeit nicht weiter verdampfen kann. Bei Wasser tritt dieser Fall bei einem Druck von 22 MPa und einer Temperatur von 647 K (374 °C) ein (Wagner 1994). In diesem *essential* beschränken wir uns auf den Prozess des Verdampfens und betrachten dabei die Dampfdruckkurve sowie das Verdampfungsgleichgewicht, das sich zwischen einer flüssigen Phase und ihrer entsprechenden Gasphase ausbildet. Dazu wollen wir kurz näher auf die mikroskopischen Vorgänge eingehen, die beim Verdampfen einer Flüssigkeit geschehen.

1.2 Thermodynamische Betrachtung des Verdampfens

In einer Flüssigkeit befinden sich die Atome oder Moleküle (oder bei ionischen Flüssigkeiten die Ionen) relativ nah zusammen, können sich allerdings im Unterschied zum Festkörper innerhalb der Phase nichtperiodisch bewegen. Das zufällige Stoßen der Teilchen in der Flüssigkeit ist auch als *Brown'sche* Molekularbewegung bekannt. Untereinander weisen die Teilchen keine Fernordnung mehr auf, allerdings ist noch eine Nahordnung vorhanden. Zum allgemeinen Verständnis des Verdampfens müssen wir uns vergegenwärtigen, dass jede kondensierte Materie (Feststoff und Flüssigkeit) einen spezifischen Dampfdruck hat. Der Dampfdruck bildet sich insbesondere über einer Flüssigkeit aus, da es immer Atome oder Moleküle gibt, die statistisch verteilt eine genügend hohe kinetische Energie besitzen, um in die Gasphase zu gelangen (siehe Abb. 1.3). Allerdings können auch langsamere Teilchen aus der Gasphase wieder zurück in die Flüssigkeit gelangen, was zur Einstellung eines druck- und temperaturabhängiges Gleichgewicht zwischen den verdampften Teilchen der kondensierten Phase und dem darüber liegenden Gas bzw. Gasgemisch (z. B. Luft der Atmosphäre) führt. Häufig wird dieses Gleichgewicht bei Umgebungsbedingungen gestört, beispielsweise durch Luftzirkulation, sodass der Verdampfungsvorgang überwiegt. Dies wird im Alltag als Verdunstung bezeichnet. In diesem Fall, der stoffabhängig unterschiedlich schnell geschieht, ist der Dampfdruck kleiner als der Gesamtdruck der Gasphase.

Wenn nun die Flüssigkeit erhitzt wird, nehmen die Atome durch den Wärmeeintrag kinetische Energie auf, wodurch die translatorische Bewegung der Teilchen stärker wird. Damit erhöht sich der Anteil der verdampften Teilchen, d. h. der Dampfdruck über der Flüssigkeit steigt. Dies geschieht bei andauernder Temperaturerhöhung in immer größerem Ausmaß, bis an einem Grenzwert

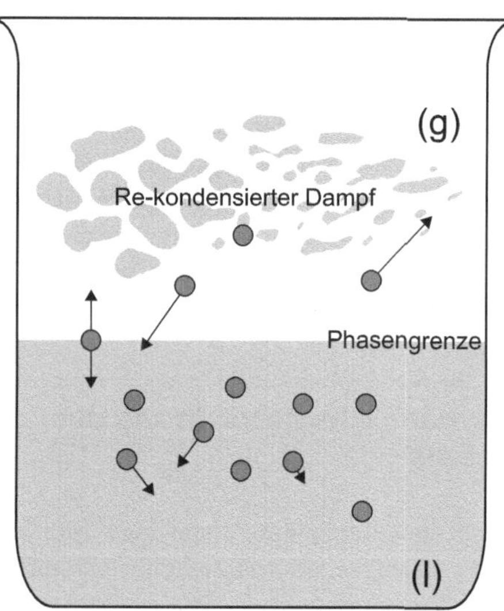

Abb. 1.3 Schematische Darstellung des Verdampfungsgleichgewichtes auf mikroskopischer Ebene. Die Flüssigkeitsmoleküle (Kugeln) können nach dem Verdampfen wieder Re-Kondensieren und „Dampfschwaden" ausbilden

(die Phasengrenzlinie) alle Flüssigkeitsteilchen sich so stark bewegen, dass die Nahordnung aufgehoben wird und sie komplett in die Gasphase übergehen. Der Dampfdruck ist nun mindestens gleich groß dem Druck des darüber liegenden Gases. Dieser Vorgang wird Sieden genannt und läuft idealerweise so schnell ab, dass alle Atome und Moleküle gleichzeitig in die Gasphase übergehen. Unter realen Bedingungen kann es u. a. durch kinetische Effekte zu einem Verzögern des Siedevorgangs kommen. Dadurch können sich Bereiche ausbilden, in denen die Flüssigkeit überhitzt, d. h. sie sich noch im flüssigen Aggregatszustand befindet, obwohl sie vom thermodynamischen Standpunkt schon gesiedet sein müsste (siehe Hintergrundinformation *Siedeverzug*).

Hintergrundinformation: Siedeverzug

Wasser kann bei Normaldruck bis über 100 °C erhitzt werden, ohne dass die Substanz siedet – die Flüssigkeit *„überhitzt"*. Wie kommt dieser Effekt des Siedeverzugs zustande?

Dazu gibt es mehrere Ursachen, die sowohl thermodynamischer als auch kinetischer Natur sind. Zum einen können in Flüssigkeiten mit einer hohen Oberflächenspannung Gasblasen nicht ausreichend wachsen, um stabil in die Gasphase überführt zu werden. Dabei „drückt" die Oberflächenspannung die Blasen zusätzlich zum Umgebungsdruck zusammen. Des Weiteren verhindert ein Mangel an Nukleationskeimen (z. B. kleine Kristallite, Fremdkörper, …) die Entstehung von kleinen Gasblasen. Sobald der überhitzten Flüssigkeit kleine Kristallite zugegeben werden, beginnt der Siedeprozess explosionsartig. Dies muss vor allem beim Arbeiten im chemischen Labor beachtet werden!

Um die folgenden Herleitungen der thermodynamischen Gleichungen für den Verdampfungsprozess zu verstehen, ist eine energetische Betrachtung des Vorgangs aufschlussreich. Wie schon vorhin erwähnt, wird durch die Zufuhr von Wärme die kinetische Energie der Flüssigkeitsteilchen erhöht, sodass sie schließlich ihre intermolekularen Anziehungskräfte überwinden und in die Gasphase emittiert werden. In diesem Fall führt die zugeführte Wärmemenge nicht zu einer Erhöhung der Temperatur, sondern dient der Wandlung des Aggregatszustands. Diese darin gespeicherte thermische Energie wird als **latente Wärme** bezeichnet. Beim Kondensieren wird diese Wärmemenge wieder abgegeben, ohne dass sich die Flüssigkeit bzw. das Gas abkühlen, was bei vielen natürlichen Vorgängen sowie technischen Prozessen eine wesentliche Rolle spielt (siehe Hintergrundinformation *Latentwärmespeicher*).

Hintergrundinformation: Latentwärmespeicher

Energieübertrag in Form von latenter Wärme tritt bei jedem Wechsel des Aggregatszustands auf. Die Speicherung der zugeführten Wärme im Gas spielt eine wichtige Rolle beim Verdunsten von flüssigem Wasser auf der Erdoberfläche (siehe auch Kap. 3). Die Nutzung der latenten Wärme wird ebenfalls im technischen Bereich für die Speicherung von Energie vorangetrieben. In den letzten Jahrzehnten wurden dazu Latentwärmespeicher entwickelt, die auf dem Fest-Flüssig-Phasenübergang beruhen. Festkörper, die viel Wärme beim Schmelzen aufnehmen können, sind beispielsweise K_2HPO_4 oder Paraffinöle. Beim Erstarren geben diese Substanzen ihre gespeicherte Energie als Wärme wieder an die Umgebung ab. Die einmal aufgenommene Energie kann so gleichmäßiger wieder abgegeben werden. Dies ist bei der Nutzung regenerativer Energiequellen (Solaranlagen, Windkrafträder) von Vorteil, da deren Erzeugung von elektrischer Energie zeitlich schwankt. Für den Privatgebrauch werden Latentwärmespeicher vor allem in Wärmekissen verwendet. Das dabei eingesetzte $Na(CH_3COO) \cdot 3H_2O$ kann in einem Wasserbad erhitzt werden und schmilzt. Die aufgenommene Wärme wird beim Erstarrungsvorgang über längere Zeit an die Umgebung bzw. den menschlichen Körper abgegeben.

Die Energie, die zum Verdampfen notwendig ist, ohne dass sich der Druck *(isobar)* und die Temperatur *(isotherm)* der Flüssigkeit ändern, nennt man **Verdampfungsenthalpie.** Da das Verdampfen immer einen Energieeintrag benötigt, ist das Vorzeichen der Verdampfungsenthalpie immer positiv, d. h. es ist ein endothermer Vorgang. Bezogen auf ein Mol Stoffmenge an verdampfender Flüssigkeit wird sie auch als molare Verdampfungsenthalpie, $\Delta_V H$, gegeben, die bei festgelegten Druck- und Temperaturbedingungen stoffspezifisch ist. In manchen Fällen ist sie tabelliert (z. B. im CRC Handbook of Chemistry and Physics) meist wird sie jedoch über den Satz von Hess aus den Standardbildungsenthalpien, $\Delta_B H$, der Flüssig- und Gasformen des Reinstoffs berechnet. Wenn wir beispielsweise die Verdampfung von Ethanol betrachten:

$$C_2H_5OH(l) \rightarrow C_2H_5OH(g),$$

ergibt sich $\Delta_V H$ (C_2H_5OH) mit:

$$\Delta_V H(C_2H_5OH) = \Delta_B H\left(C_2H_5OH\,[g]\right) - \Delta_B H(C_2H_5OH[l]).$$

Ein weiterer zu betrachtender Aspekt beim Verdampfen ist die Änderung der Entropie. Allgemein ist die Entropie eine fundamentale thermodynamische Größe, die die Anzahl der möglichen, energetisch gleichwertigen Mikrozustände in einem System angibt, die durch die *Boltzmann*-Statistik beschrieben werden. Etwas vereinfacht gesagt, stellt die Entropie ein Maß für die Unordnung der Teilchen eines Systems dar. Wenn nun eine Flüssigkeit verdampft, wird die Nahordnung der Atome und Moleküle aufgehoben und sie können sich freier im Raum der Gasphase ausbreiten. Dies ist gleichbedeutend mit einem Entropiegewinn, weshalb die **molare Verdampfungsentropie,** $\Delta_V S$, immer ein positives Vorzeichen besitzt (generell gilt: $S_g > S_l > S_s$). Äquivalent zur Verdampfungsenthalpie wird sie aus der Differenz der Entropien von Gasphase und Flüssigkeit berechnet. Als Näherungsformel zur Berechnung der Entropieänderung wird häufig die **Pictet-Trouton'sche Regel** verwendet:

$$\Delta_V S = \frac{\Delta_V H}{T} \approx 88 - 90 \, \mathrm{kJ/mol} \tag{1.1}$$

Es ist zu beachten, dass sowohl $\Delta_V H$ als auch $\Delta_V S$ in starkem Maße temperaturabhängig sind. Mit zunehmender Temperatur werden beide Werte immer kleiner, bis sie am kritischen Punkt (siehe Abb. 1.1) verschwinden, an dem Flüssig- und Gasphase ununterscheidbar geworden sind.

1.3 Clausius-Clapeyron-Gleichung

Da nun die thermodynamischen Grundlagen des Verdampfungsprozesses geklärt sind, können wir dazu übergehen, den Verlauf der Dampfdruckkurve im Phasendiagramm rechnerisch zu beschreiben. Dazu müssen wir uns bewusst machen, dass entlang dieser Kurve ein Gleichgewicht zwischen der flüssigen und der gasförmigen Phase herrscht. Im Duktus der Thermodynamik gesehen bedeutet dies, dass die freie Enthalpie (d. h. die maximale verrichtbare Arbeit bei konstantem Druck und Temperatur) des Gesamtsystems – flüssig + gasförmig – gleich Null ist:

$$dG^l + dG^g = dG_{\mathrm{gesamt}} = 0 \tag{1.2}$$

Zur Vereinfachung der folgenden Betrachtung führen wir das **chemische Potenzial,** μ, ein, das den Einfluss der chemischen Zusammensetzung eines Systems auf seine Fähigkeit, Arbeit zu verrichten, ausdrückt. Es ist temperatur- und druckabhängig. Da wir in unserem Fall zunächst einen reinen Stoff betrachten, ist die molare freie Enthalpie identisch mit dem chemischen Potenzial μ. Mathematisch kann es als partielle Ableitung der freien Enthalpie nach der jeweiligen Stoffmenge bei konstantem Druck und konstanter Temperatur beschrieben werden:

$$\left.\frac{\partial G(T,\,p,\,n)}{\partial n}\right|_{T,\,p} = \mu \qquad (1.3)$$

Die obige Ableitung ergibt sich aus der *Gibb'schen* Fundamentalgleichung der freien Enthalpie G. Dabei ist G eine Zustandsgröße, die von der Temperatur, dem Druck und der Stoffmenge abhängig ist – G(T, p, n):

$$dG = \left.\frac{\partial G}{\partial T}\right|_{p,\,n} dT + \left.\frac{\partial G}{\partial p}\right|_{T,\,n} dp + \left.\frac{\partial G}{\partial n}\right|_{T,\,p} dn \qquad (1.4)$$

$$dG = -SdT + Vdp + \mu dn \qquad (1.5)$$

Für konstanten Druck (dp = 0) und konstante Temperatur (dT = 0) gilt:

$$dG(T,\,p,\,n) = \mu dn \qquad (1.6)$$

Diese Gleichung ist nach Umstellen analog der oben dargestellten Gl. (1.3).

Für das Gleichgewicht flüssig-gasförmig ergibt sich folgender Zusammenhang:

$$\mu^l(T,\,p) = \mu^g(T,\,p)$$

Werden die physikalischen Größen Temperatur und Druck um einen infinitesimalen Wert (T, p → T + dT, p + dp) geändert, mit der Voraussetzung, dass die Temperatur und der Druck weiterhin auf der Dampfdruckkurve liegen, so ergibt sich:

$$\mu^l(T,\,p) + d\mu^l = \mu^g(T,\,p) + d\mu^g \qquad (1.7)$$

Damit die Gleichgewichtsbedingung weiterhin erfüllt bleibt, muss folgendes gelten:

$$d\mu^l = d\mu^g \qquad (1.8)$$

Die Druck- und Temperaturabhängigkeit des chemischen Potenzials kann folgendermaßen als totales Differenzial ausgedrückt werden:

$$d\mu = \left.\frac{\partial \mu}{\partial T}\right|_p dT + \left.\frac{\partial \mu}{\partial p}\right|_T dp \qquad (1.9)$$

Einsetzen von Beziehung (1.3) in Gl. (1.9) und Ausnutzung des Satz von *Schwarz* ergibt:

$$d\mu = \left.\frac{\partial G}{\frac{\partial n}{\partial T}}\right|_p dT + \left.\frac{\partial G}{\frac{\partial n}{\partial p}}\right|_T dp$$

$$d\mu = \underbrace{\left(\left.\frac{\partial^2 G}{\partial n \partial T}\right|_p = \left.\frac{\partial^2 G}{\partial T \partial n}\right|_p \right)}_{\text{Satz von Schwarz}} dT + \underbrace{\left.\frac{\partial^2 G}{\partial n \partial p}\right|_T = \left.\frac{\partial^2 G}{\partial p \partial n}\right|_T}_{\text{Satz von Schwarz}} dp$$

Die partiellen Ableitungen 2. Ordnung können aufgelöst werden, indem wir die *Gibb'sche* Fundamentalgleichung (1.5) für die Abhängigkeit der freien Enthalpie von Druck $\left(\left.\frac{\partial G}{\partial p}\right|_{T,\,n} = V \right)$ bzw. Temperatur $\left(\left.\frac{\partial G}{\partial T}\right|_{p,\,n} = -S \right)$ nutzen:

$$d\mu = \frac{\partial(-S)}{\partial n} dT + \frac{\partial V}{\partial n} dp$$

$$d\mu = -s dT + v dp$$

Eingesetzt in Gl. (1.8) für sowohl die Flüssig- als auch die Gasphase ergibt sich:

$$-s^l dT + v^l dp = -s^g dT + v^g dp$$

$$\left(s^g - s^l \right) dT = \left(v^g - v^l \right) dp$$

$$\frac{dp}{dT} = \frac{\left(s^g - s^l \right)}{\left(v^g - v^l \right)} = \frac{\Delta_V S}{\Delta V} \tag{1.10}$$

Dabei stellen die Terme $\Delta_V S$ die oben beschriebene molare Verdampfungsentropie und ΔV die molare Volumenänderung beim Phasenübergang dar. Da ein chemisches Gleichgewicht immer ein dynamisches Gebilde ist, bei dem Vorgänge reversibel ablaufen (der reversible Vorgang zum Verdampfen ist das Kondensieren), kann die Verdampfungsentropie als Wärmemenge pro Temperatur bzw. beim isobaren Prozess als Enthalpie pro Temperatur ausgedrückt werden.

$$\Delta S = \frac{Q_{\text{rev.}}}{T} = \frac{\Delta H}{T} \tag{1.11}$$

Diese kann in die oben stehende Gl. (1.10) eingesetzt werden, womit sich die bekannte *Clapeyron*-Gleichung ergibt:

$$\frac{dp}{dT} = \frac{\Delta_V H}{T \Delta V} \tag{1.12}$$

Die Beziehung (1.12) beschreibt nun den Verlauf der Dampfdruckkurve im p-T-Zustandsdiagramm. Für den Verdampfungsvorgang ergeben sich folgende Überlegungen:

- $\Delta_V H$ ist stets positiv, da Energie aufgewendet werden muss, um die Komponente in den gasförmigen Aggregatzustand zu überführen
- Weiterhin ist ΔV stets positiv, da das Volumen der Gasphase größer ist als das Volumen der flüssigen Phase
- daraus folgt: $dp/dT > 0$

Wenn wir nun das Volumen der Gasphase als vielfach größer gegenüber der Flüssigphase annehmen (dies gilt in hinreichender Entfernung vom kritischen Punkt), können wir das molare Volumen der Flüssigkeit vernachlässigen $\Delta V \approx v_d$. Des Weiteren nehmen wir für die Gasphase ein ideales Verhalten an, d. h. nur elastische Stöße finden zwischen den harten kugelförmigen Gasteilchen statt. Dann kann v_d ausgedrückt werden mit:

$$v_d = \frac{p}{RT} \qquad (1.13)$$

Gl. (1.12) kann somit umgeschrieben werden zur sogenannten *Clausius-Clapeyron*-Gleichung:

$$\frac{dp}{dT} = \frac{p\Delta_V H}{RT^2} \qquad (1.14\text{a})$$

Durch Lösung der gewöhnlichen Differenzialgleichung mittels unbestimmter Integration kann damit die Gl. (1.14b) erhalten werden. Dabei ist zu beachten, dass die Verdampfungsenthalpie als temperaturunabhängig angenommen wurde, was streng genommen nur über einen kleinen Temperaturbereich näherungsweise Gültigkeit hat.

$$ln\, p_s = -\frac{\Delta_V H}{RT} + C \qquad (1.14\text{b})$$

Die Darstellung in der Exponentialform gibt die Abhängigkeit des Dampfdrucks von der Temperatur an der Phasengrenzlinie wieder und ist auch als *August*'sche Dampfdruckformel bekannt:

$$p_s = e^{\left(-\frac{\Delta_V H}{RT}\right)} \cdot C \qquad (1.14\text{c})$$

Gl. (1.14b) vermittelt den linearen Zusammenhang zwischen *ln p und 1/T*. Durch lineare Regression kann die Verdampfungsenthalpie $\Delta_V H$ für kleine Temperaturbereiche weit genug unterhalb des kritischen Punktes bestimmt werden. Dabei entspricht der Anstieg der Geraden dem Quotienten aus der Verdampfungsenthalpie und der universellen Gaskonstante. Im Kap. 4.1 wird diese Methodik bei der experimentellen Bestimmung der Verdampfungsenthalpie beispielhaft dargestellt. Eine abgeleitete Näherungsformel mit empirisch zu bestimmenden Vorfaktoren wurde von *Antoine* gegeben:

$$\lg p_s = A - \frac{B}{C + T} \tag{1.15}$$

1.4 Zweistoffsysteme

Im letzten Teil der Einführung der theoretischen Konzepte wollen wir noch auf die Auswirkung der Zugabe eines zweiten Stoffes auf das Verdampfungsgleichgewicht betrachten. Zunächst ist es einsichtig, dass ein leichter siedender Zusatz (die intermolekularen Anziehungskräfte bei dieser Substanz sind geringer) in der Flüssigkeitsmischung sich mit zunehmender Temperatur langsam abreichert und dafür in der Gasphase proportional eher anreichert als die höher siedende Substanz. Diese Tatsache macht man sich beim technischen Prozess der Destillation schon seit mehreren Jahrtausenden zunutze. Allerdings gehen wir bei dieser naiven Betrachtung von der Annahme einer **idealen Mischung** aus. Dem Modell liegt zugrunde, dass Moleküle von unterschiedlichen Stoffen (A–B) gleich wechselwirken wie Moleküle in dem Reinstoff (A–A), was annähernd nur der Fall ist, wenn sich die Substanzen A und B sehr ähneln. Adhäsive bzw. kohäsive Interaktionen werden dabei vernachlässigt. Am besten gilt die Näherung für Mischungen von zwei verschiedenen Isotopen derselben chemischen Elements, z. B. ^1H_2O und ^2D_2O (D steht für das Deuterium-Isotop des Wasserstoffs). In diesen Fällen kann der Dampfdruck einer jeden Substanz über der Mischung aus dem Produkt des Stoffmengenanteils der einen Komponente, x_i mit ihrem Dampfdruck in einem Einstoffsystem, p_i^* berechnet werden:

$$p_i = x_i p_i^* \tag{1.16}$$

Diese Relation ist auch als **Raoult'sches Gesetz** bekannt. Mithilfe der Annahme des *Dalton'schen Partialdruckgesetzes,* d. h. der Gesamtdruck wird als einfache Summe der Partialdrücke angenommen, kann der Gesamtdruck der Gasphase über einer idealen Mischung A + B berechnet werden:

$$p_{ges} = x_A p_A^* + x_B p_B^* \tag{1.17}$$

Da die Summe der Stoffmengenanteile gleich 1 ist, kann nach dem Molenbruch einer Substanz umgestellt werden:

$$p_{\text{ges}} = p_A^* + \left(p_B^* - p_A^*\right) \cdot x_B \tag{1.18}$$

Gl. 1.18 kann in einem Diagramm dargestellt werden, das die Abhängigkeit des Dampfdrucks von der Mischungszusammensetzung zeigt (Abb. 1.4).

Wie in Abb. 1.4b erkennbar ist, weisen viele Zweistoffsysteme ein nicht-ideales Verhalten beim Mischen auf. In solchen realen Mischungen können einerseits Abstoßungskräfte zwischen den unterschiedlichen Teilchensorten wirken, sodass es im Extremfall zu einer völligen Entmischung der beiden Flüssigkeiten kommen kann (z. B. Wasser – Toluen). Der Gesamtdampfdruck wird in diesem Fall größer, da die Teilchen eher bestrebt sind die dichte Flüssigphase zu verlassen. Andererseits können so starke Anziehungskräfte zwischen den Teilchensorten vorhanden sein, dass es für die Teilchen schwieriger wird, in die Gasphase zu gelangen. In diesem Fall sinkt der Gesamtdampfdruck (z. B. im System Aceton – Chloroform). Bei nicht zu stark ausgeprägtem nicht-idealen Verhalten kann ein Korrekturfaktor, der sogenannte Aktivitätsfaktor, γ_i, Gl. 1.16 ergänzen. Des Weiteren müssen Wechselwirkungen zwischen den beiden verdampften

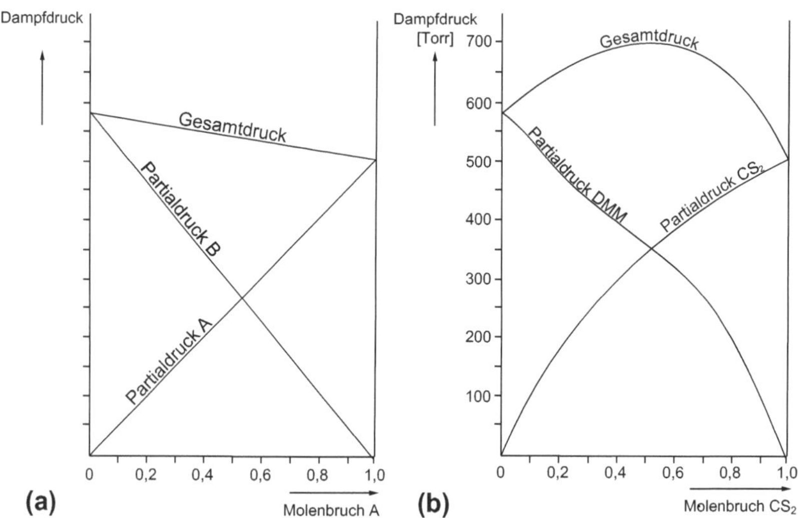

Abb. 1.4 **a** Dampfdruck einer Mischung aus zwei Flüssigkeiten A und B bei idealen Verhalten; **b** Dampfdruck einer realen Mischung aus Dimethoxymethan (DMM) und Kohlenstoffdisulfid (CS$_2$). (Eigene Darstellung nach D'Ans und Lax 1949, S. 898 ff.)

Teilchensorten in der Gasphase berücksichtigt werden. Dies kann durch den Fugazitätsfaktor, f_i, erfolgen.

Das Lösen von Gasen in einer Flüssigkeit wird quantitativ näherungsweise durch das ***Henry-Gesetz*** beschrieben. In verdünnten Lösungen, d. h. die Flüssigkeit ist im Überschuss vorhanden, und unter der Bedingung, dass ihr Partialdruck gering ist, ergibt sich folgender Zusammenhang zwischen dem Partialdruck des Gases über einer Flüssigkeit, p_i, und ihrer Konzentration in der Lösung, c_i, :

$$p_i = \frac{c_i}{H_{cp}} \tag{1.19}$$

Dabei stellt H_{cp} die Henry-Konstante dar, die bei einer bestimmten Temperatur für ein Gas-Flüssigkeitssystem charakteristisch ist.

Experimentelle Methoden zur Bestimmung des Dampfdrucks 2

Den Drang einer Flüssigkeit bzw. eines Feststoffes zum Verdampfen und die damit verbundene Einstellung eines thermischen Gleichgewichts lässt sich qualitativ und quantitativ über die Ermittlung des Dampfdrucks erfassen. Experimentell stehen dazu eine Reihe an vielfältigen Methoden zur Verfügung, die es erlauben den Koexistenzbereich flüssig – gasförmig/fest – gasförmig näher zu charakterisieren, wodurch sich stoffspezifische Kenngrößen wie die Verdampfungswärme bzw. -enthalpie ableiten lassen. Als zentrale physikalische Größe steht dabei – wie es der Name dieses essentials schon verrät – der Druck eines Gases im Vordergrund.

Im Verlauf dieses Abschnitts werden Apparaturen und Verfahren dargestellt, um den Dampfdruck einer zu untersuchenden Substanz hinreichend genau zu ermitteln. Da Gase in geschlossenen Systemen im Wesentlichen durch die drei Zustandsgrößen Druck, Temperatur und Volumen beschrieben werden können, ist eine korrekte Messung sowohl des Drucks als auch der Temperatur eine wesentliche Voraussetzung zur Ermittlung des Zustandes des Drucks über die Flüssigphase. Anhand dieser beiden Größen lässt sich mithilfe der Gasgesetze von *Boyle-Mariotte*, *Gay-Lussac* und *Amontos* das Volumen berechnen. Nur durch eine akkurate und genaue Messung dieser wesentlichen physikalischen Größen können vertrauenswürdige Messergebnisse erzielt werden. Bereits im Jahre 1910 verwiesen *Smith* und *Menzies* auf die Problematik der Dampfdruckmessung und die damit verbundenen Fehlerquellen der Messung mit den damals zur Verfügung stehenden Messverfahren (Smith und Menzies 1910). Einige dieser Messverfahren werden heute noch genutzt und liefern trotz ihres simplen Aufbaus gute und brauchbare Ergebnisse, was letztendlich auch auf die Entwicklung von exakteren Methoden zur Temperatur- und Druckmessung zurückgeführt werden kann.

© Springer Fachmedien Wiesbaden GmbH 2018

M. Schulze und P. Seidel, *Verdampfungsgleichgewicht und Dampfdruck,*

essentials, https://doi.org/10.1007/978-3-658-19863-3_2

Hintergrundinformation

Wussten Sie, dass es für die Beschreibung der thermischen Zustandsgleichung für ideale Gase drei Grenzfälle gibt, bei der jeweils eine der drei relevanten physikalischen Größen konstant gehalten wird? Das *Boyle-Mariotte-Gesetz* beschriebt, dass unter isothermen Bedingungen, sich Druck und Volumen umgekehrt proportional ($p \sim 1/V$) verhalten. Erhöht sich der Gasdruck, so verringert sich automatisch das entsprechende Volumen. Unter isobaren Umständen nimmt mit steigender Temperatur das Volumen eines idealen Gases entsprechend ($T \sim V$) zu, was durch das Gesetz von *Gay-Lussac* beschrieben wird. Wird das Volumen bei der thermischen Zustandsänderung eines idealen Gases konstant gehalten (isochore Zustandsänderung), findet bei der Erhöhung der Temperatur auch eine Erhöhung des Drucks statt ($p \sim T$). Dieser Zusammenhang wurde von *Amontos* entdeckt.

2.1　Instrumentarien zur Temperatur- und Druckmessung

Dieser Abschnitt dient der kurzen Rekapitulation zu Verfahren der Temperatur- und Druckmessung, die für die Bestimmung des Dampfdrucks im Allgemeinen von Bedeutung sind.

Temperaturen lassen sich klassischerweise mit Hilfe von Thermometern, insbesondere Flüssigkeitsthermometern (Quecksilber, gefärbte Alkohole) oder Gasthermometern erfassen, deren Messprinzip auf der Ausdehnung bei Erwärmung beruht. Darüber hinaus sind weitere Methoden bekannt wie die Temperaturbestimmung mittels Widerstandsthermometern oder mit Hilfe von Thermoelementen, deren Wirkungsweise auf dem *Seebeck*-Effekt beruht. Die Wahl der entsprechenden Thermometer richtet sich nach verschiedenen Kriterien wie den Temperaturbereich, der Präzision, Wärmekapazität des Thermometers Ansprechbarkeit oder Robustheit.

Ebenfalls sind eine Vielzahl von Methoden zur Messung des Drucks bekannt. Dabei ist grundsätzlich in *unmittelbare und mittelbare Druckmessverfahren* zu differenzieren. Unmittelbare Druckmessverfahren, wie Flüssigkeitssäulen, Druckwaagen oder Kolbenmanometer beziehen sich direkt auf die physikalische Definition des Drucks als aufzuwendende Kraft pro Fläche ($p = F/A$). So wirkt beim Kolbenmanometer der zu bestimmende Druck auf eine Fläche, welche

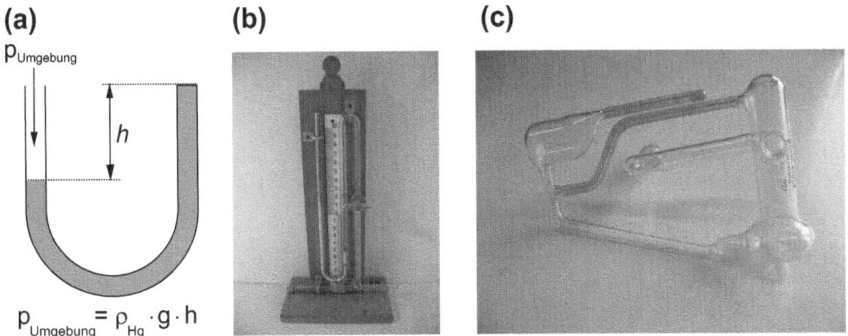

Abb. 2.1 **a** Schematische Darstellung eines U-Rohr-Manometers; **b** U-Rohr-Manometer; **c** *McLeod*-Manometer. (Fotos: Schulze)

mechanisch über eine Feder mit einer Messlehre gekoppelt ist. Flüssigkeitsmanometer wie Quecksilbermanometer hingegen basieren auf die Druckdifferenz in Abhängigkeit von der Fallhöhe der Flüssigkeitssäule (Abb. 2.1).

Hintergrundinformation

Wussten Sie, dass die Ursprünge unserer heutigen Erkenntnisse zur Druckmessung auf die Studien von *Evangelista Torricelli* (1608–1647) zurückgehen, einem Schüler des berühmten Galileo Galilei? *Torricelli* erkannte, dass ein mit Quecksilber gefülltes Rohr in einem Bad eine Druckdifferenz annimmt, die abhängig vom äußeren Atmosphärendruck ist. Dieser beträgt bei einem normalen Höhenniveau 760 mm Hg Säule (siehe Abb. 2.2). Ihm zu Ehren wurde die Einheit Torr eingeführt:

$$760\,\text{Torr} = 760\,\text{mm Hg Säule}$$

$$= 10^5\,\text{Pa} = 1\,\text{bar}$$

Mittelbare Druckmessgeräte beruhen auf anderen physikalischen Prinzipien zur Dimensionierung des Drucks, seien es die Dehnung oder Kraft an elastischen Messgliedern, wie bei Rohrfedermanometern oder der Druckabhängigkeit elektrischer Eigenschaften, wie es bei. Drucksensoren ausgenutzt wird (Abb. 2.3). Eine detaillierte Beschreibung der verschiedenen Druck- und Temperaturmessarten sind in der einschlägigen Fachliteratur zu finden (Rubner 2005; Bachmann 1964; Weichert 1992).

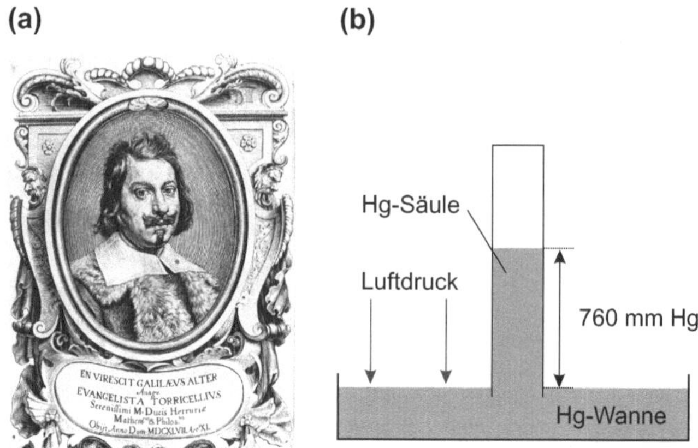

Abb. 2.2   **a** Abbild des *Evangelista Torricelli* (Abbildung: Unbekannt, NOAA); **b** Schematische Darstellung des Torricelli'schen Versuchs zur Messung des Luftdrucks

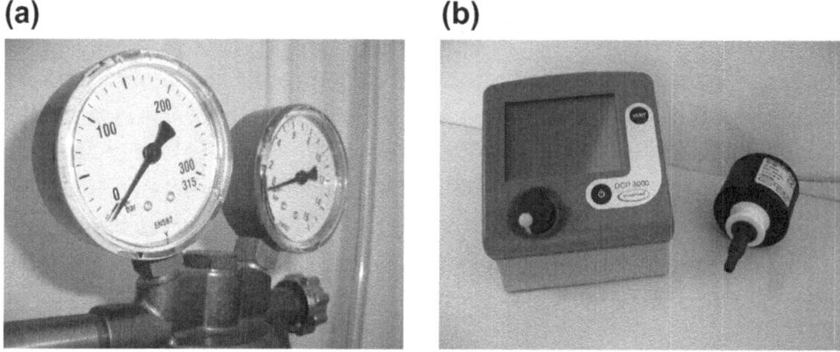

Abb. 2.3   **a** Rohrfedermanometer; **b** Digitalmanometer mit Drucksensor. (Fotos: Schulze)

2.2   Apparaturen und Methoden zur Dampfdruckbestimmung

Im Rahmen der nachfolgenden Ausführungen werden verschiedene Methoden zur experimentellen Bestimmung des Dampfdrucks vorgestellt. Dabei werden sowohl ältere als auch neuere Verfahren erläutert und exemplarisch beschrieben. Insbesondere Methoden, die im Rahmen studentischer Praktika an universitären Einrichtungen zum Tragen kommen, werden hier beispielhaft erklärt. Dabei stellen gerade die älteren Methoden aus pädagogischer Sicht wertvolle Instrumentarien dar, da hierbei die physikalischen Prinzipien besonders deutlich und anschaulich zum Ausdruck kommen.

Die Verschiedenheit der unzähligen natürlichen vorkommenden und synthetisch hergestellten chemischen Verbindungen bedingt die Entwicklung von verschiedenen Versuchsanordnungen zur Bestimmung des Dampfdrucks. Aus diesem Grund haben sich unterschiedliche Methoden entwickelt, die im Besonderen für bestimmte Temperatur- und Druckbereiche geeignet sind, aber zusätzlich noch auf die chemischen Eigenschaften der Substanz (Luft- und Feuchtigkeitsempfindlichkeit, Giftigkeit, Korrosivität, Brennbarkeit) abgestimmt sein müssen, ohne dass es dabei zu einer Verfälschung der Messergebnisse oder sogar zum Versagen der Methode kommt.

Zunächst ist es unabdingbar, dass die zu untersuchenden Substanzen in möglichst hoher chemischer Reinheit vorliegen. Gerade leichtflüchtige Verbindungen mit hohen Dampfdrücken können bei kleinen Drücken zu fehlerhaften Werten führen.. Im Gegensatz dazu tragen schwer flüchtige Verbindungen nur zu einer geringfügigen Dampfdruckerniedrigung bei. Reinigungsprozeduren wie Destillation bzw. Rektifikation von Flüssigkeiten oder die Umkristallisation von Feststoffen helfen bei der Entfernung von Fremdsubstanzen. Nur so kann es zum Vermeiden von unvorhergesehenen Überraschungen bei der Messung und Auswertung führen.

Grundsätzlich unterscheiden sich die Methoden zu Bestimmung des Dampfdrucks zum einen nach ihren apparativen Aufbau bzw. der Versuchsanordnung und zum anderen nach den Messprinzipien. Dabei kann primär in die *statische* und *dynamische* Dampfdruckmessung unterscheiden werden, wobei aber auch Spezialmethoden oder die Überführungsmethode wesentliche alternative Verfahren darstellen (vgl. Abb. 2.4). In diesem Zusammenhang sind auch die kalorimetrischen Methoden

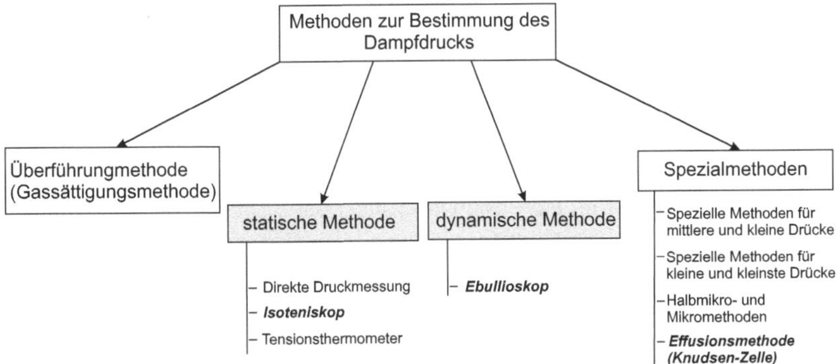

Abb. 2.4 Übersicht an Methoden zur Dampfdruckbestimmung. Die hervorgehobenen Methoden werden im Weiteren detailliert beschrieben

zu erwähnen, mithilfe derer die Verdampfungs- oder Sublimationsenthalpie einer Substanz bei einer definierten Temperatur ermittelt werden kann. Dazu haben sich Mikrokalorimeter etabliert, die unter isothermen oder adiabatischen Bedingungen arbeiten (Almeida und Monte 2013). Es sei darauf verweisen, dass hier auf die kalorimetrischen Methoden nicht weiter eingegangen wird, da die Thematik der Kalorimetrie über den Rahmen dieses essentials hinausgeht.

2.2.1 Statische Methoden

Das wesentliche Prinzip der statischen Verfahren besteht darin, dass der Dampfdruck unter thermischen Gleichgewichtsbedingungen mit seiner kondensierten (kristallinen) Phase innerhalb einer geschlossenen Apparatur bei konstanten Temperaturbedingungen gemessen wird.

Diese Methode eignet sich besonders gut für die Dampfdruckbestimmung von leicht-siedenden Substanzen. Wohl bemerkt hängen aber die Ergebnisse und Präzision der Messungen von den verwendeten Methoden zur Druck- und Temperaturmessung ab (Abschn. 2.1). Dabei sollte gerade beachtet werden, dass die zu untersuchenden Substanzen weder die Temperatur noch die Druckmesseinrichtung angreifen.

In einer recht einfachen apparativen Anordnung nach *Henning* und *Stock* kann die Dampfdruckbestimmung mithilfe eines Quecksilbermanometers (Stock et al. 1921; Henning und Stock 1921), welches in einer Wanne aus flüssigem Quecksilber eingetaucht ist sowie einem Steigrohr und einem Kolben mit der Probensubstanz realisiert werden. Eine schematische Darstellung ist dazu in Abb. 2.5 illustriert.

Gerade bei leicht-siedenden Substanzen, deren Dampfdruck unterhalb der Raumtemperatur liegt, kann der resultierende Dampfdruck das Niveau des im Steigrohr befindlichen Quecksilbers verändern, was sich auf das Höhenniveau des im Manometer befindlichen Quecksilbers überträgt. Dies kann nur realisiert werden, wenn der Innendurchmesser der jeweiligen Rohre mindestens 15 mm beträgt, da es ansonsten gerade im Falle von Quecksilber zur Kapillardepression kommen kann. Der Kolben mit der Substanz sollte für eine exakte Dampfdruckbestimmung genau temperiert sein. Würden Untersuchungssubstanzen verwendet werden, deren Dampfdrücke oberhalb der Raumtemperatur wären, so würden diese beim Erhitzen in das Manometer überdestillieren. Um dies zu vermeiden könnte die Apparatur, insbesondere das Manometer schon auf die höheren Temperaturen entsprechend vortemperiert werden.

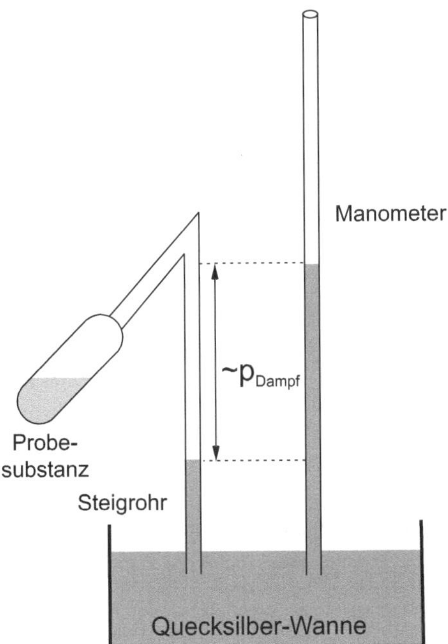

Abb. 2.5 Dampfdruckbestimmung nach *Henning* und *Stock*. (Eigene Darstellung nach Henning und Stock 1921, S. 228)

Isoteniskop

Selbst bei höheren Temperaturen, d. h. bei Substanzen deren Dampfdrücke weit oberhalb der Raumtemperatur liegen, können ebenfalls mittels Quecksilber-Manometern ermittelt werden. Realisiert werden kann dies in einer von *Smith* und *Menzies* entwickelten Anordnung, in der zwischen dem Quecksilbermanometer und dem Gefäß mit der Probe noch ein Hilfsmonometer angeordnet ist (Smith und Menzies 1910). Eine entsprechende schematische Anordnung ist in Abb. 2.6 dargestellt und wird als statisches *Isoteniskop* bezeichnet. Ein Vorteil in dieser Methode besteht darin, dass zum einen recht exakte Messungen durchgeführt werden können aufgrund der Verwendung von Flüssigkeiten niedriger Dichten im Hilfsmanometer, zum anderen, dass Substanzen mit niedrigen Dampfdrücken bei höheren Temperaturen gemessen werden können. Weiterhin können durch Wiederholungsmessungen die in der Flüssigkeit gelösten Gase ausgetrieben werden. Es sei noch darauf hingewiesen, dass ebenfalls Dampfdruckbestimmungen von Feststoffen mithilfe dieser Apparatur durchgeführt werden können, was auf eine

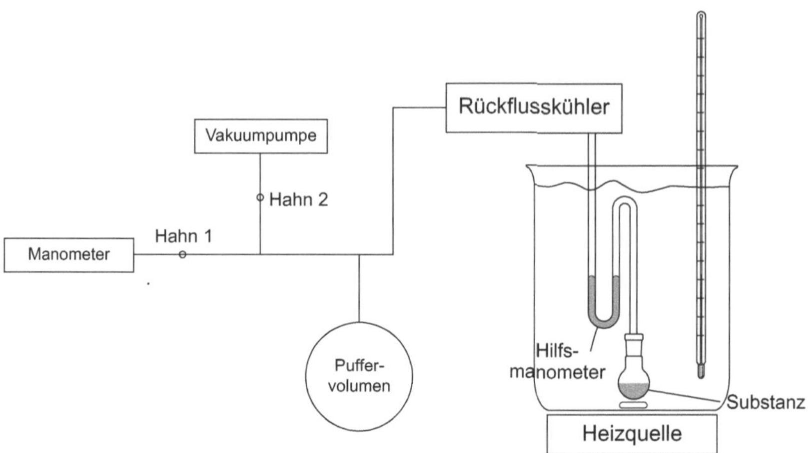

Abb. 2.6 Schematische Darstellung eines statischen Isoteniskops in der Bauweise nach *Smith* und *Menzies*. (Eigene Darstellung nach Wolf 1978, S. 154)

Weiterentwicklung von *Booth* und *Halbedel* zurückgeführt werden kann (Booth und Halbedel 1946). Bei Substanzen, die chemisch mit dem Quecksilber reagieren, kann auch auf andere Manometer wie Feder- oder Spiralmanometer zurückgegriffen werden.

Wie anhand der Abb. 2.6 zu entnehmen ist, kann das Hilfsmanometer, ein doppeltes U-Rohr in einem Wärmebad temperiert werden. Auf dieses wirkt von der einen Seite her, der zu ermittelnde Dampfdruck der zu untersuchenden Substanz und von der anderen Seite der äußere Druck, der am Hauptmanometer (hier Quecksilbermanometer) abgelesen werden kann. Die Flüssigkeit im Hilfsmanometer stellt dabei das nach Verdampfen und anschließendem Kondensieren die zu untersuchende Flüssigkeit dar. Nach dem Evakuieren der Apparatur kann durch Regulieren der Hähne entsprechend der äußere Druck so eingestellt werden, dass am Hilfsmanometer die Schenkel keine Niveaudifferenz anzeigen. Anschließend kann am Hauptmanometer der entsprechende Druck abgelesen werden, der dann dem zu untersuchenden Dampfdruck der Flüssigkeit entspricht.

Weiterhin stellen Dampfdruckthermometer (auch Tensionsthermometer genannt) weitere apparative Möglichkeiten dar, um den Dampfdruck exakt bestimmen zu können. Die Entwicklung von *Stock* et al. geht darauf zurück, dass in einem hermetisch abgeriegelten Gefäß, welches mit einer Flüssigkeit gefüllt ist. Dieses ist beispielsweise mit einem Quecksilbermanometer verbunden (Stock et al. 1921). So führt eine Temperaturänderung demnach zu einer Änderung des Dampfdrucks der Flüssigkeit. Die Genauigkeit der Temperaturmessung wächst mit steigendem Dampfdruck.

2.2.2 Dynamische Methoden (Siedemethode)

Im Gegensatz zu den bisher beschriebenen Verfahren der statischen Methode, wird bei den dynamischen Methoden die Temperatur bei einem konstanten Druck gemessen, bei der die zu untersuchende Substanz siedet. Hierbei wird der Dampfdruck der Flüssigkeit oder des Feststoffs im thermischen Gleichgewicht mithilfe eines indifferenten Gases (Luft, He, N_2) auf ein Manometer übertragen, welches die Temperatur der Umgebung aufweist.

Ebullioskop

Ein konkretes Verfahren aus dem Bereich der dynamischen Methoden stellt die Messung des Dampfdrucks durch die Bestimmung der Siedetemperatur unter verminderten Druck in einem Ebullioskop dar. In der Anordnung nach *Weber* und *Dreyer,* welche in Abb. 2.6 schematisch dargestellt ist, können Siedetemperaturen in einem Druckbereich zwischen 50 und 760 Torr gemessen werden. Die wesentlichen Bestandteile der Apparatur bilden dabei das Ebullioskop, in dem ein Thermometer eingehängt ist, ein Manometer, eine entsprechende Vakuumpumpe sowie ein Kolben zur Herstellung eines Puffervolumens. Sicherheitshalber wird zwischen Ebullioskop und Vakuumapparatur eine Kühlfalle zwischen geschaltet. Durch die besondere Bauweise umspülen die aufsteigenden Dämpfe der zu untersuchenden Substanz (Flüssigkeit oder Feststoff) das Thermometer. Um ein vollständiges Verdampfen der Flüssigkeit zu verhindern, befindet sich über dem Thermometer ein Kühler.

Zur experimentellen Bestimmung des Dampfdrucks einer Flüssigkeit mithilfe dieser Methode, wird die Apparatur entsprechend der Abb. 2.7 aufgebaut, die Kühlfalle mit einem Trockeneis/Aceton-Gemisch befüllt und die Apparatur auf Dichtigkeit überprüft, indem sie evakuiert wird. Danach wird über den Belüftungshahn 2 ein Druck von etwa 700 Torr in der Apparatur eingestellt. Durch Betätigen des Hahns 1 wird die Flüssigkeit in das Ebullioskop eingesaugt. Anschließend wird nach Einschalten der Heizquelle und des Kühlers die Flüssigkeit zum Sieden gebracht. Sobald ein konstantes Sieden zu beobachten ist (konstante Tropffrequenz am Kühler) und sich die Temperatur am Thermometer nicht mehr ändert, werden sowohl der Druck als auch die Temperatur exakt bestimmt. Danach wird die

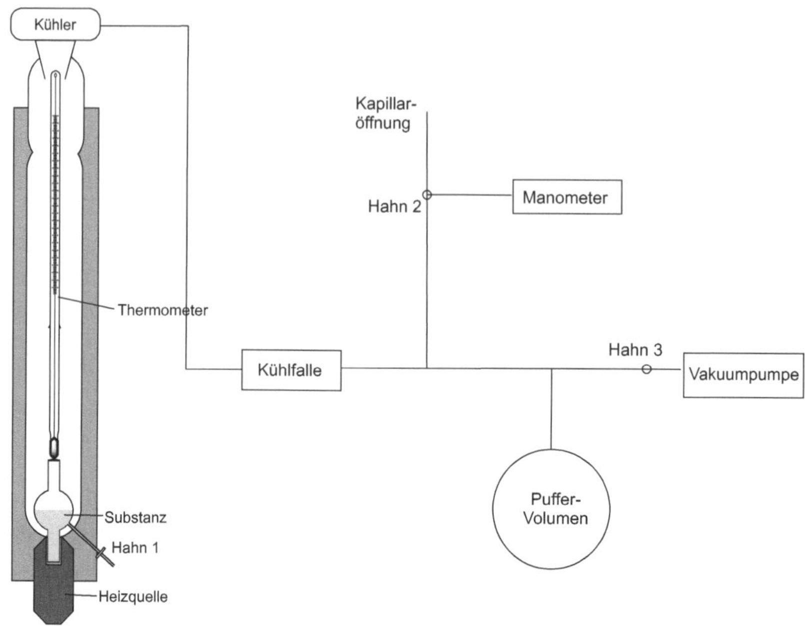

Abb. 2.7 Schematische Darstellung zur Dampfdruckbestimmung mit Hilfe des Ebullios-
kops. (Eigene Darstellung nach Wolf 1978, S. 155)

Heizquelle ausgeschaltet. Um mehrere Messpunkte bei verschiedenen Temperatur/
Druck-Wertepaaren zu erhalten wird der Druck der Apparatur um jeweils 25 bis
50 Torr erniedrigt und der oben beschriebene Vorgang wiederholt.

Eine weitaus einfachere Apparatur kann ebenfalls mit einem Rundkolben
mit aufgesetzten Ansatzrohr, in dem das Thermometer befestigt ist und darüber
befindlichem Rückflusskühler, realisiert werden. Die Apparatur ist an einer Vaku-
umanlage mit Manometer und Vakuumpumpe angeschlossen. Die zu untersuchende Flüssigkeit wird im Rundkolben mit einem Heizpilz erhitzt.

2.2.3 Gassättigungsmethode

Eine weitere Methode aus der Gruppe der Methoden zur Dampfdruckbestimmung
stellt die Gassättigungsmethode oder auch Überführungsmethode dar, welche im
Gegensatz zu den bisher beschriebenen Methoden nicht auf die manometrische

Bestimmung des Dampfdrucks der zu untersuchenden Substanz basiert. Vielmehr wird mithilfe eines indifferenten Gases (He, H_2, Luft, N_2) die Substanz durchströmt, um eine Sättigung zu erreichen. Dabei muss die Durchflussrate so eingestellt werden, dass gemäß dem *Dalton'schen* Gesetz, Sättigung erreicht wird. Dies ist zusätzlich notwendig, um den Dampfdruck bei der Temperatur zu berechnen:

$$p_S = \frac{m_S RT}{VM_S} \tag{2.1}$$

Hierbei stellen m_s die Masse der transportieren Probe und V das Volumen des inerten Gases dar, welches mithilfe eines Flussmeters bestimmt worden ist. Die so mitgeführte Gasphase der Untersuchungsflüssigkeit kann mengenmäßig über andere analytische Methoden, beispielsweise Gas-Flüssigkeits-Chromatographie-Analyse, untersucht werden.

2.2.4 Spezielle Methoden

Knudsen-Methode
Aus dem Bereich der spezielleren Methoden sei hier mit der Effusionsmethode noch ein weiteres Verfahren vorgestellt, welches vor allem in der Forschung zur Bestimmung des Dampfdrucks von Festostoffen eingesetzt wird (Bilde et al. 2015).

Im Prinzip handelt es sich um eine zylinderförmige Zelle (auch *Knudsen*-Zelle genannt), welche über eine Öffnung mit einer Vakuumkammer verbunden ist. Eine schematische Darstellung ist in Abb. 2.8. illustriert.

Wird eine Probe in die Zelle eingeführt, so wird nach Einstellung der Gleichgewichtsbedingung unter temperatur-kontrollierten Bedingungen entweder die Veränderung der Probemasse in Abhängigkeit von der Zeit analytisch erfasst (A) oder. die Effusionsrate der Gasphasenmoleküle in der Zelle (B).

Hintergrundinformation
Wussten Sie, dass Effusion die kontrollierte Erzeugung eines Teilchenstrahls eines Gases ist, um die Dynamik von Reaktionen von Stoffen zu untersuchen? Dabei ist es wichtig, dass der Druck des Gases und der Durchmesser der Öffnung so optimal aufeinander abgestimmt sind, dass es zu keinen Stößen der Moleküle beim Durchqueren der Öffnung kommt (Engel und Reid 2009).

Mittels der Knudsen-Masseverlust-Methode (angelsächsisch: *Knudsen mass loss method*) wird die Veränderung der Masse (Δm) in Abhängigkeit von der Zeit t

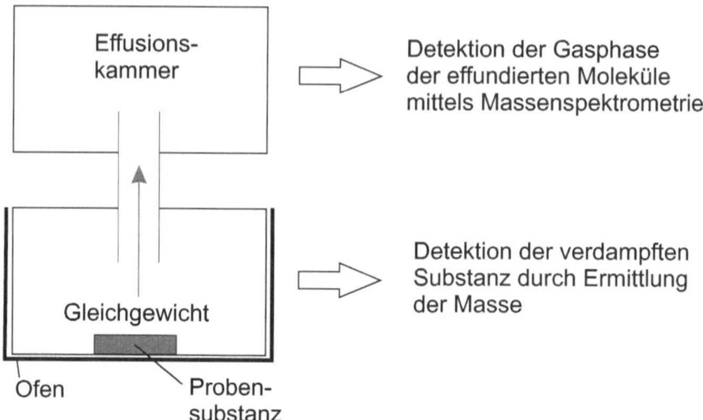

Abb. 2.8 Schematische Darstellung der *Knudsen*-Effusionszelle. (Eigene Darstellung nach Bilde et al. 2015, S. 4122)

ermittelt, indem mit einer Präzision von ±0,1 mg die Masse vor und nach der Effusion gemessen werden kann. Die Rate des Masseverlust ist demnach proportional dem Dampfdruckunterschied in der Zelle und der Vakuumkammer. Mithilfe der kinetischen Gastheorie kann der Sättigungsdampfdruck p_i^0 der diffundierenden Komponente i ermittelt werden:

$$p_i^0 = \left(\frac{\Delta m}{A_0 \omega_0 t}\right) \sqrt{\frac{2\pi RT}{M_i}} \tag{2.2}$$

Dabei stellt A_O die Fläche der Öffnung dar und ω_0 den sogenannten *Clausing* Wahrscheinlichkeitsfaktor, der von der Geometrie des Systems abhängt. Dieser lässt sich im Speziellen durch folgenden Zusammenhang berechnen:

$$\omega_0 = \left[\frac{3 \cdot l_0}{8 \cdot r_0} + 1\right]^{-1} \tag{2.3}$$

Hierbei stellen l_0 und r_0 jeweils die Länge und den Radius der Öffnung dar.

Bei der Knudsen-Effusions-Massenspektrometrie (KEMS) wird die in der Effusionskammer sich ändernde Konzentration der Gasphase massenspektrometrisch erfasst. Dabei stellt die gemessene Intensität die konzentrationsproportionale Größe dar.

Weitere Methoden

In der Literatur sind noch weitaus mehr Methoden bekannt als hier beschrieben worden sind. Eine Auswahl davon ist in Tab. 2.1 dargestellt. Im Speziellen wurden diese Methoden entwickelt einerseits zur Bestimmung von sehr kleinen Dampfdrücken andererseits zugeschnitten auf die individuellen Eigenschaften der zu untersuchenden Substanzen.

Tab. 2.1 Tabellarische Übersicht zu den speziellen Methoden. (Für genaueren Überblick siehe Kienitz 1955)

Spezielle Methoden für mittlere und kleine Dampfdrücke	Spezielle Methoden für sehr kleine Dampfdrücke
Wägemethode	*Hickmann*'sche Methode
Differentialmanometer-Methode	*McLeod*-Manometer-Methode
Trennrohr-Methode für aggressive Substanzen	Thermomolekulare Druckeffekt-Methode für sehr kleine Drücke bei tiefen Temperaturen
Vergleichsmethode (Bremer-Frowein-Tensiometer)	Verdampfungsgeschwindigkeitsmethode
	Gaskinetische Methode

Verdampfungsgleichgewichte in Natur und Technik

3

In den bisherigen Kapiteln wurde eine grundlegende Beschreibung von Verdampfungsgleichgewichten sowie ihre experimentelle Bestimmung gegeben. Diese fundamentalen Kenntnisse helfen uns nun, verschiedene Prozesse in der Natur und Technik, die auf dem Verdampfen von Flüssigkeiten basieren, zu verstehen. In der Natur sind Phasenumwandlungen flüssig-gasförmig essentiell notwendig für die Aufrechterhaltung lebenswichtiger Vorgänge und Kreisläufe. Denn verknüpft mit dem Verdampfen und dem anschließenden Kondensieren von Flüssigkeiten ist ein nicht unerheblicher Austausch von Energie, die entweder aus der Umgebung aufgenommen bzw. abgegeben wird. So nutzt die Natur u. a. diesen physikalischen Vorgang zur Regulierung des Energiehaushalts in verschiedenen Kreisprozessen. Dabei spielen vor allem Wasser und der Wasserdampf eine zentrale Rolle, welche einen signifikanten Einfluss auf das Klima und damit verbunden lokal oder global auftretenden Wetterphänomenen haben. Darüber hinaus sind weitere Prozesse in der Physiologie von Lebewesen bekannt, die auf Verdampfungsgleichgewichte basieren.

Auch der Mensch erkannte schon frühzeitig, dass die durch das Verdampfen und Kondensieren von Flüssigkeiten ausgehende Phasenumwandlung und die damit verbundene aufgenommene oder frei werdende Energie Kräfte freisetzen, die ihm von Nutzen sein können. So konnte das Potenzial des Wasserdampfdrucks bereits frühzeitig durch den griechischen Gelehrten *Heron von Alexandria* in der Konstruktion seines „Heronsball" als einer der ersten Vorreiter einer primitiven Dampfmaschine umgesetzt werden. Dass Wasserdampf Arbeit verrichten kann, wurde im 18. und 19. Jahrhundert von einer Reihe an bedeutenden Wissenschaftlern wieder erkannt und resultierte in der Konstruktion ausgereifter Maschinen. Die damit verbundene Erfindung der Dampfmaschine führte zur Entstehung von ersten industriellen Anlagen und neuartigen Fahrzeugen, die das Leben des Menschen erheblich vereinfachte, wodurch die Zeitepoche der

© Springer Fachmedien Wiesbaden GmbH 2018
M. Schulze und P. Seidel, *Verdampfungsgleichgewicht und Dampfdruck*, essentials, https://doi.org/10.1007/978-3-658-19863-3_3

Industrialisierung eingeläutet wurde. So sind diese Entwicklungen, die sich dem Verdampfungsgleichgewichten und dem Dampfdruck zunutze machen, zweifelsohne für unseren heutigen Wohlstand verantwortlich. Auch heutzutage sind Wasser/Dampf-Kreisläufe bei der Bereitstellung von elektrischer Energie durch Dampfkraftwerke unersetzlich, die gerade in Deutschland für die Sicherstellung der Grundlast zuständig sind.

Obwohl die Natur und Technik eine große Vielfalt an Prozessen aufweisen, die mit dem Verdampfen und Kondensieren von Flüssigkeiten verbunden ist, können in diesem Kapitel aufgrund des begrenzten Umfangs dieses *essentials* nur wenige Beispiele aus dem Alltag erläutert werden.

3.1   Wasserdampf

Die Fähigkeit des Wasserdampfes unter bestimmten physikalischen Gegebenheiten in geeigneten Konstruktionen durch das Ansteigen des Dampfdrucks vom flüssigen Wasser Arbeit zu verrichten, findet sich in vielen Bereichen der Technik wieder, so unter anderem bei Dampflokomotiven oder Dampfkraftwerken.

Damit diese Dampfmaschinen jedoch Arbeit verrichten können, sind an den Wasserdampf bestimmte Anforderungen gestellt; denn Wasserdampf ist nicht einfach Wasser im gasförmigen Aggregatzustand, sondern es gibt hierbei spezifische Unterscheidungsformen, die sich je nach Dampf und dem sich darin befindlichen Flüssigkeitsverhältnis richten. In Abb. 3.1 sind die verschiedenen Dampfzustände bei isobarer Verdampfung anhand einer kolbenartigen Konstruktion schematisch illustriert. Wird Wasser in dem in (I) beschrieben System Energie in Form von Wärme zugefügt, so erhöht sich dessen Temperatur bis zum Erreichen des Siedepunkts. Jedoch wird in dieser speziellen Anordnung der Dampfdruck aufgrund der zusätzlich von oben wirkenden Masse verringert, wodurch die Siedetemperatur über dem bei Normaldruck vorherrschenden Siedepunkt bei 100 °C liegt. Ab Erreichen des Siedepunkts beginnt die Flüssigkeit zu verdampfen (II), wodurch sich ein Gleichgewicht zwischen flüssiger Phase bzw. flüssigen Tröpfchen im Dampf und gasförmigen Wasser ausbildet. Dieser Dampfzustand wird Nassdampf genannt. Rein quantitativ lässt sich dieser Dampfzustand über den Dampfgehalt x bestimmen, der mit Hilfe von Gl. (3.1) berechnet werden kann.

$$x = \frac{m_{\text{Dampf}}}{m_{\text{Dampf}} + m_{\text{Flüssigkeit}}} \tag{3.1}$$

Dabei kann der Dampfgehalt Werte zwischen x = 0 (kein Dampf, nur Wasser) und x = 1 (Flüssigkeit vollständig verdampft) annehmen. Es sei betont, dass sich ab den Erreichen des Nassdampf-Zustands die Temperatur des Systems nicht

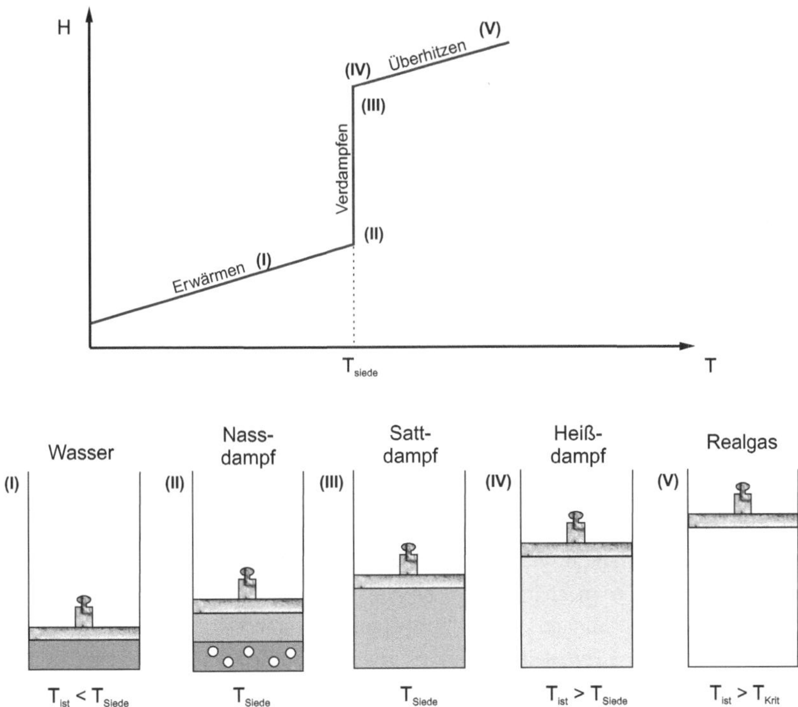

Abb. 3.1 Schematische Darstellung der fünf verschiedenen Dampfzustände des Wassers. (Eigene Darstellung nach Schwab 2009, S. 63)

mehr ändert, sondern nur die Verdampfungsenthalpie solange zunimmt, bis das komplette Wasser verdampft ist (vgl. Kap. 1). Sobald ein Dampfgehalt von $x = 1$ erreicht wird, fängt die Temperatur wieder an zu steigen und es kann Sattdampf (III) erhalten werden. Sattdampf, oder trockener Dampf ist in vielen industriellen Prozessen ein notwendiges Medium, so z. B. in der Nahrungsmittel-, Getränke-, Textil-, Papier- oder Gummiindustrie (Fiebelmann 2012). Wird der Sattdampf weiter erwärmt durch Aufbringung von Überhitzungsenthalpie, erhöht sich dessen Temperatur und es wird der Heißdampfzustand (IV) erreicht. Heißdampf wird auch überhitzter Dampf genannt. Überhitzter Dampf stellt Dampf mit einer Temperatur weit über der Siedetemperatur und enthält keine Tröpfchen mehr. Werden Druck und Temperatur noch weiter erhöht, wird der kritische Punkt überschritten, d. h. die Flüssigkeits-Gas-Phasengrenze verschwindet und es wird ein fluider Zustand des Wassers erreicht, bei dem die Dichten zwischen flüssigen und gasförmigen Wasser annähernd gleich sind. Dieser Zustand des Wassers wird auch überkritisches

Wasser genannt, der entsprechende Dampf heißt Realgas (V). Nebenbei bemerkt sei, dass überkritisches Wasser andere Eigenschaften aufweist als flüssiges Wasser; zusätzlich wirkt es sehr korrosiv. Besonders in der Verfahrenstechnik und technischen Chemie werden überkritische Fluide aufgrund ihrer besonderen Eigenschaften bei verschiedenen Prozessen z. B. Extraktion verwendet (Behr et al. 2016).

3.2   Dampfkraftwerke

Dampfkraftwerke oder auch Dampfmaschinen stellen technische Entwicklungen dar, die im Wesentlichen auf dem Wasser/Dampf-Kreislauf basieren. Ihre Besonderheit liegt darin, dass sie die thermische Energie des Wasserdampfes in mechanische Energie zum Verrichten von Arbeit oder zur Erzeugung in elektrische Energie übertragen.

Wie bereits erwähnt spielen Dampfkraftwerke in unserer Gesellschaft zur Erzeugung elektrischer Energie und zur Bereitstellung von Fernwärme eine entscheidende Rolle. Kernstück bildet dabei neben dem Kessel oder Reaktor der Kreisprozess mit dem Medium Wasser/Dampf zur Wärmeübertragung und Umwandlung von thermischer in mechanischer Energie. Eine schematische Darstellung des Kreisprozesses ist anhand eines Temperatur-Entropie-Diagramms sowie eines Blockbilds in Abb. 3.2 visualisiert. Dieser gliedert sich in 5 Teilschritte.

Zuerst wird vom Kondensator kommendes abgekühltes Wasser bei niedrigem Druck unter isothermen Bedingungen von der Speisewasserpumpe komprimiert (1–1'), wodurch der Druck des Wasers auf Kesseldruck steigt. Aufgrund der Inkompressibilität des Wassers ist der Temperaturanstieg nur gering, sodass weiterhin isotherme Bedingungen angenommen werden können. Darauffolgend wird das Wasser unter isobaren Bedingungen bis zum Erreichen der Siedetemperatur erwärmt (1'–2). Im Temperatur-Entropie-Diagramm ist dies anhand der Isobaren (Siedelinie) gekennzeichnet. Im Kessel erfolgt die Verdampfung des Wassers (2–3) bei isothermen und isobaren Bedingungen unter Aufbringung von Verdampfungsenthalpie. Der Nassdampf, der sich aus Wasser und Sattdampf zusammensetzt, verändert dabei so lange seine Wasser/Dampf-Zusammensetzung, bis die Taulinie bei x = 1 erreicht wird. Unter diesen Bedingungen entsteht im Überhitzer Heißdampf (3–4), dessen Temperatur unter Zuführung von Überhitzungswärme sukzessive erhöht wird. Dieser expandiert anschließend adiabatisch ($\delta Q = 0$) und isentrop ($dS = 0$) in der Turbine (5–6), wodurch gleichzeitig die thermische Energie des überhitzen Wasserdampfes in Bewegungsenergie auf die Turbine übertragen wird und dadurch einen Generator zur Erzeugung elektrischer Energie antreibt. Gleichzeitig kühlt sich der überhitze Dampf ab, der

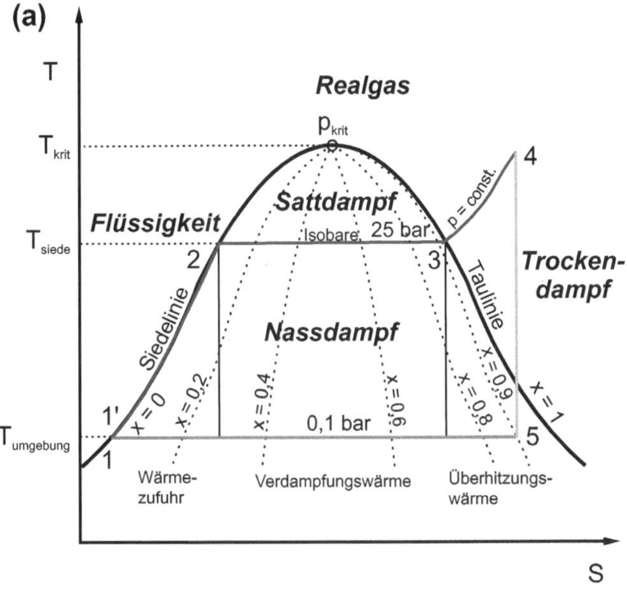

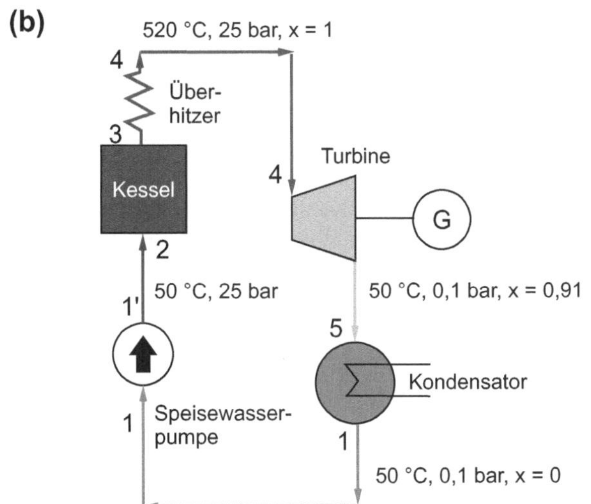

Abb. 3.2 **a** Temperatur-Entropie-Diagramm des Wasser-Dampf-Kreisprozesses (*Clausius-Rankine*-Prozess) in einem Dampfkraftwerk; **b** Blockbild. (Eigene Darstellungen nach Schwab 2009, S. 71 und 77)

Abb. 3.3 Braunkohlekraftwerk Jänschwalde als Beispiel eines Dampfkraftwerks. (Foto: Schulze)

Druck fällt und der entstehende Nassdampf kondensiert unter isotherm isobaren Bedingungen im Kondensator. Zur Abführung der Kondensationswärme wird oftmals ein zusätzlicher Wasser/Dampf-Kühlkreislauf verwendet, der die thermische Energie im Kondensator aufnimmt und bei großen Kraftwerken als Dampf beim Verdampfen in Kühltürmen wieder abgibt (siehe Abb. 3.3). Es sei angemerkt, dass durch die starke Abkühlung des Wasserdampfs das Volumen abrupt verkleinert wird, wodurch sich ein Unterdruck im Kreislauf einstellt.

Hintergrundinformation

Wussten Sie, dass der Wasser/Dampf-Kreisprozess in Dampfkraftwerken nach dem Prinzip des sogenannten *Clausius-Rankine*-Kreisprozess funktioniert? Dieser stellt wie der *Carnot*-Kreisprozess für ideale Gase einen idealisierten Kreisprozess bzw. Vergleichsprozess dar. Obwohl eine Umwandlung von Arbeit in Wärme nahezu vollständig möglich ist, lässt sich dies für den umgekehrten Fall nicht vollständig durchführen, sondern bedarf einer extra Wärmesenke bzw. eines zweiten Wärmereservoirs mit einer niedrigeren Temperatur (Abb. 3.4a). Mit den

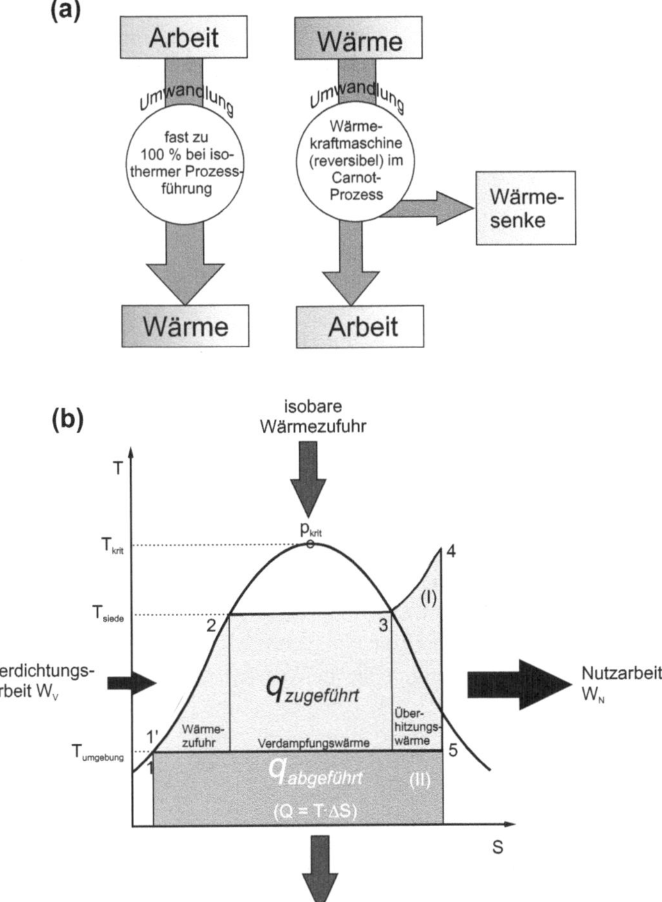

Abb. 3.4 **a** Illustration zur des Prozesses zur Umwandlung von Arbeit in Wärme und Wärme in Arbeit über eine Wärmesenke (eigene Darstellung nach Engel und Reid 2009, S. 104); **b** *Clausius-Rankine*-Kreisprozess, dargestellt in einem Temperatur-Entropie-Diagramm; die Fläche (I) entspricht der beim Prozess abgegeben mechanischen Energie bzw. der Nutzwärme; die Fläche (II) die bei der Kondensation abgeführten Wärmemenge und die Summe aus (I) und (II) zugeführten Wärmemenge oberhalb der Speisewassertemperatur (eigene Darstellung nach Schwab 2009, S. 78)

eben dargestellten wesentlichen vier Schritten der reversiblen isothermen und adiabatischen Expansion und Kompression lässt sich somit ein Teil der thermischen Energie eines Wärmereservoirs in mechanische Arbeit umwandeln. Für unseren hier beschriebenen Fall des Dampfkraftwerks bedeutet das, dass unter möglichst isobarer Wärmezufuhr ein großer Teil an Nutzarbeit gewonnen werden soll. Die dabei aufzubringende Verdichtungsarbeit sollte möglichst gering sein, damit die Kondensationsleistung steigt. Somit lässt sich der Wirkungsgrad des gesamten Prozesses bestimmen. Anhand der in Abb. 3.4b eingefärbten Flächen (I) und (II) berechnet sich dieser aus der Differenz zwischen zugeführter und abgeführter Wärme dividiert durch die zugeführte Wärmemenge:

$$\eta = \frac{q_{zu} - q_{ab}}{q_{zu}} \tag{3.2}$$

3.3 Wärmepumpe und Kompressionskältemaschine

Der in den Abb. 3.4a und 3.4b dargestellte *Clausius-Rankine*-Kreisprozess aber auch vor allem der *Carnot*-Kreisprozess bilden eine wichtige Grundlage für die Funktion von Wärmepumpen und Kältemaschinen. Dies kann jedoch nur erfolgen, wenn die beschriebenen Teilschritte in umgekehrter Richtung erfolgen. So lässt sich mithilfe der genannten Maschinen Wärme aus einem Reservoir durch Zuführung zusätzlicher Arbeit auf ein zweites Reservoir mit einer höheren Temperatur übertragen (vgl. Abb. 3.5a).

Wärmepumpen dienen dabei unter anderem als Heizquelle für Wohnräume. Als primäre Energiequelle fungiert die in Wasser, im Erdreich oder in der Luft

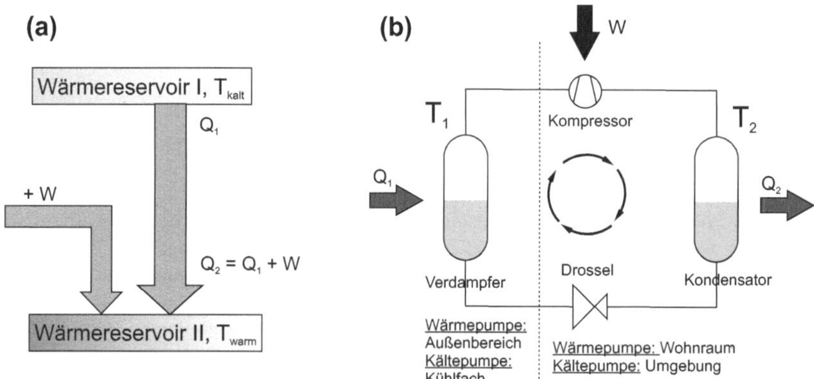

Abb. 3.5 a Schematische Darstellung der Energiewandlung in Wärmemaschinen bzw. Kältepumpen als Umkehrung des *Carnot*-Kreisprozess; **b** Arbeitsweise einer Wärmepumpe/Kältemaschine

gespeicherte Wärme. Zur Übertragung wird ein Fluid verwendet, dessen Verdampfungs-Kondensations-Kreislauf ausgenutzt wird. Eine schematische Illustration ist in Abb. 3.5b gegeben. Das Kältemittel wird unter isothermen und isobaren Bedingungen bei geringem Druck verdampft und nimmt dabei gleichzeitig die aus der Umgebung vorliegende thermische Energie Q_1 des Außenbereichs (Wärmereservoir I) auf (Schritt I). Die dabei entstehende gasförmige Phase des Kältemittels wird in einem Kompressor verdichtet (II). Diese Druckerhöhung und die damit verbundene Verringerung des Volumens führen zu einer Temperaturerhöhung des Mediums. Dessen Wärmeenergie kann im Kondensator, der mit dem Wärmereservoir II im Kontakt steht, abgegeben werden, wobei gleichzeitig der Phasenwechsel von gasförmig zu flüssig stattfindet (III). Eine nachgeschaltete Drossel verringert den Druck des Kühlmediums (IV) und der Prozess beginnt erneut. Das Besondere an dieser Technik liegt in der geringen Zuführung zusätzlicher Arbeit in Form von elektrischer Energie zur Betreibung des Kompressors, was den Betrieb solcher Wärmepumpen sehr effektiv, ressourcenschonend und umweltfreundlich macht. Als fluide Arbeitsgase können unter anderem Propan, Wasser, Wasser/Sole-Gemische oder Fluorchlorkohlenwasserstoffe (FCKWs) zum Einsatz kommen. Zwar sind Fluorchlorkohlenwasserstoffe weder brennbar noch sehr giftig, jedoch stellen sie Treibhausgase dar und führen zur Vergrößerung des Ozonlochs (Bruice und Lazar 2013).

Diese Gase bzw. Flüssigkeiten können ebenfalls als Kältemittel bei Kältemaschinen z. B. Kühlschränken verwendet werden. Sehr häufig werden auch Ammoniak oder Kohlenstoffdioxid als Kühlmittel eingesetzt. Im Gegensatz zur Wärmepumpe wird hierbei dem Wärmereservoir I (Kühlfach, zu kühlende Raum) Wärme durch isotherme Verdampfung des Kältemittels entzogen, wodurch die Temperatur der Kühlkammer sinkt. Nach der anschließenden adiabatischen Kompression wird die dabei entstehende Wärme an die Umgebung (Wärmereservoir II) abgeben.

3.4   Destillation

Schon seit mehreren tausend Jahren nutzen Menschen das Verfahren der Destillation, um Trinkwasser, Dicht- und Heilmittel sowie Trinkalkohol zu erhalten; erste Zeugnisse über die Destillation von Teer und Pech datieren zurück bis in die Jungsteinzeit. Bei diesem thermischen Prozess wird ein Flüssigkeitsgemisch oder, seltener, ein Feststoffgemenge erhitzt, bis die leichter flüchtige (bei tieferer Temperatur siedende) Komponente verdampft und anschließend durch Kondensation in einem nach außen gerichteten Rohr abfließt. Mittels dieser Trennmethode können Stoffgemische anhand der unterschiedlichen Siedetemperaturen ihrer Komponenten zerlegt werden und (häufig) reine Flüssigkeiten erhalten werden. Eine wichtige Rolle spielt dabei der Dampfdruck der einzelnen Substanzen, da er bestimmt, welcher Stoff sich bei welcher Temperatur im oberen Bereich der Destille anreichert. Die Zwischenschaltung einer Kolonne über dem Heizbereich ermöglicht eine verbesserte Trennung des Gemisches. An ihrer inneren Oberfläche treten dabei an jedem Punkt Verdampfungsgleichgewichte auf, bei denen die erhitzte Flüssigkeit von unten aufsteigt und sich mit der stärker abgekühlten Flüssigkeit von oben vermischt. Die lokalen Temperaturunterschiede erzeugen variierende Zusammensetzungen der Dampfphase, sodass eine stärkere Anreicherung des flüchtigeren Stoffs geschieht. Destillationen können auch bei vermindertem Druck stattfinden (Vakuumdestillation), damit die thermische Beanspruchung der zu erhitzenden Stoffe gesenkt wird. Dies ist bei thermisch instabilen Substanzen von Vorteil und wird als letzte Destillationsstufe bei der Erdölraffination eingesetzt, um Schweröle zu erhalten.

3.5 Verdampfungsgleichgewichte in der Natur

Neben diesen Anwendungen aus dem technischen Bereich spielen Verdampfungsgleichgewichte in der Natur eine eminent wichtige Rolle. Sie sind bedeutend für biologische Prozesse, auch im menschlichen Körper, meteorologische Phänomene sowie das Klima auf der ganzen Erde. Im Folgenden werden zwei Beispiele behandelt, die zeigen, dass ein Verständnis des Verdampfungsprozesses wichtig für die Beschreibung dieser lebenswichtigen Vorgänge ist.

Auf Höhe des Meeresspiegels herrscht bei idealen Bedingungen ein Luftdruck von ca. 101,3 kPa (ca. 760 Torr bzw. 1 bar). Davon entfallen bei einer gesättigten Luft, d. h. einer relativen Luftfeuchtigkeit von 100 %, bei 20 °C 2,3 kPa auf verdampftes Wasser (Haynes 2016). Die beim Verdunsten vom Boden aufgenommene Wärme hat eine temperaturregulatorische Wirkung auf die Erdoberfläche. Der Wasserdampf ist hochmobil und trägt somit wesentlich zum globalen Wasserkreislauf bei. An kleinen Partikeln in der höheren Atmosphäre, den Aerosolen, kann der aufgestiegene und dabei abgekühlte Dampf kondensieren (Fest-Flüssig-Gleichgewicht). Dadurch bilden sich Wolken, die durch globale Luftströme in entferntere Regionen gebracht werden und sich dort bei Übersättigung der Luft mit Wasser wieder abregnen. Dabei können lokale Wetterphänomene wie Gewitter und Hagel auftreten, wenn die Temperatur in den Wolken plötzlich so weit herabgesetzt wird, dass der Wasserdampf gefriert und die entstandenen Eisbrocken ausfällen. Des Weiteren stellt in der Atmosphäre enthaltenes Wasser das bedeutendste Treibhausgas dar. Wolken reduzieren sowohl am Tag das Auftreffen von Sonnenstrahlen auf die Erdoberfläche durch Absorption der Strahlung als auch in der Nacht die Abkühlung des Bodens durch Freisetzung der absorbierten Strahlung als Wärme.

Das Verdunsten von Wasser ist begleitet von der Freisetzung nicht-flüchtiger Rückstände. Dies wird vom Menschen bei der Gewinnung von Salzen in großen Solebecken genutzt (Abb. 3.6). Dabei können wertvolle Rohstoffe, die im Wasser gelöst sind, gewonnen werden. Die Erhitzung erfolgt in vielen Teilen der Erde über die direkte Einstrahlung der Sonne und ist ein Prozess, der sich über mehrere Wochen erstreckt.

Nicht nur die Atmosphäre mit ihren globalen und regionalen Wetterphänomenen nutzt die Verdampfung von Stoffen, um einen Stoff- und Wärmekreislauf in Gang zu halten, sondern auch Tiere und Pflanzen benötigen das Verdampfen von Flüssigkeiten, um ihre Körpertemperatur zu regulieren. Betrachten wir einmal den Menschen und seinen Grundumsatz: Darunter versteht man die Menge an Energie, die ein Mensch in Ruhe zum Aufrechterhalten seiner Lebensfunktionen

Abb. 3.6 Verdampfung von Wasser zur Gewinnung von Salz in den Anden. (Foto: Seidel)

benötigt. Er beträgt im Normalfall ca. 8400 kJ/Tag. Ein großer Teil dieser Energie wird anschließend in Form von Wärme an die Umgebung abgegeben. Geschähe dies nicht, würden wir innerhalb kürzester Zeit Fieber bekommen und nach wenigen Stunden der Tod eintreten. Glücklicherweise geben wir (hauptsächlich) durch die Haut diese Wärme an die Umgebungsluft ab; bei einem Erwachsenen in Ruhe und eine Zimmertemperatur immerhin 110 W bzw. 110 J je Sekunde! (Usemann 1997). Neben der Konvektion und Abstrahlung wird dabei der Vorgang des Schwitzens genutzt. Feine Wassertröpfchen werden von Drüsen unter der Haut gebildet und nehmen die Wärme aus dem Blutkreislauf auf. Die Wärmeaufnahme führt zu einem Verdampfen des Wassers in die Luft. Somit kann dem Körper eine Wärmemenge von bis zu 330 J pro Sekunde je 1 m^2 Haut entzogen werden (Jessen 2000). Während die Temperatur der Umgebung keinen Einfluss auf die „Schweißleistung" hat, ist der Sättigungsdampfdruck an Wasser in der Umgebungsluft entscheidend. Liegt dieser über dem Dampfdruck über der Haut, kommt keine Kühlung durch Verdunstung zustande. Dieses Phänomen ist besonders bei feuchten Witterungsbedingungen zu beobachten; als Resultat agglomeriert der Schweiß an der Hautoberfläche und perlt letztendlich ohne Wärmeaufnahme ab. Je niedriger der Wasserdampfdruck in der Luft ist, desto mehr Wärme kann beim Schwitzen verdunsten – pro kPa Druckdifferenz ca. 58 J pro Sekunde je 1 m^2 mehr Wärme entzogen. In diesen Überlegungen haben wir angenommen, dass in der Umgebung kein Wind herrscht, sonst würde sowohl die Wärmeabgabe durch Konvektion als auch durch das Schwitzen (Nichtgleichgewichtszustand über der Haut) noch besser funktionieren.

Praktikumsbeispiel und Übungsaufgaben

4.1 Exemplarische Durchführung der Bestimmung des Dampfdrucks und Ermittlung der Verdampfungsenthalpie

Zur besseren Veranschaulichung und Übung für die selbstständige Laborarbeit wird im Nachfolgenden ein Experiment zur Bestimmung des Dampfdrucks an einem konkreten Beispiel demonstriert. Dafür werden in einem Isoteniskop die Dampfdruckkurven für reines Wasser bzw. reines n-Butanol aufgenommen. Auf die Prinzipien dieser Methode wurde schon in Abschn. 2.2 näher eingegangen. In Abb. 4.1 ist der experimentelle Aufbau im Labor beispielhaft dargestellt. In einem

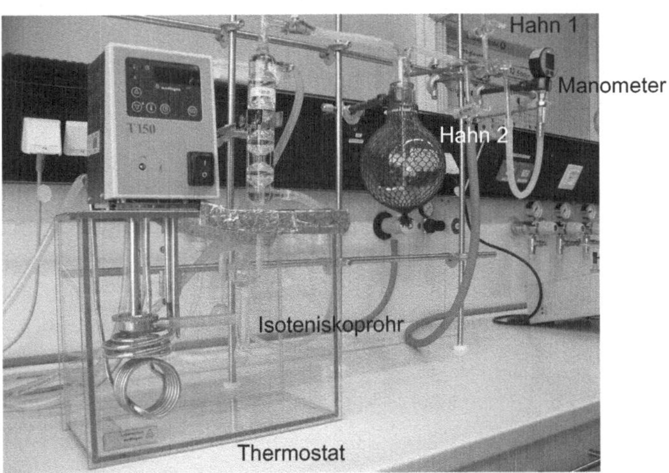

Abb. 4.1 Apparatur des statischen Isoteniskops. (Foto: Schulze)

© Springer Fachmedien Wiesbaden GmbH 2018
M. Schulze und P. Seidel, *Verdampfungsgleichgewicht und Dampfdruck,*
essentials, https://doi.org/10.1007/978-3-658-19863-3_4

Temperaturbereich von 313 bis 353 K wird bei neun verschiedenen Temperaturen durch Einstellen der Manometer der zugehörige Dampfdruck abgelesen.

Durchführung

Zu Beginn des Versuchs wird das Kölbchen am äußeren Ende des Isoteniskoprohrs mit der zu untersuchenden Flüssigkeit (z. B. Wasser oder *n*-Butanol) bis zu etwa dreiviertel des Kolbenvolumens gefüllt. Anschließend wird das Isoteniskoprohr mit der restlichen Apparatur verbunden, der Thermostat mit Wasser gefüllt und dessen Temperatur auf etwa 40 °C gebracht. Bei angestelltem Kühlwasser wird die Vakuumpumpe (Membran- oder Ölschieberpumpe) eingeschaltet und mit dem Hahn 1 wird die Apparatur langsam und vorsichtig evakuiert (Schutzbrille tragen!). Fängt die Flüssigkeit im Kölbchen des Isoteniskoprohres durch das entstehende Vakuum langsam an zu sieden, kondensiert sie anschließend im Kühler und füllt somit langsam die Schenkel des U-Rohres vom Hilfsmanometer. Dadurch wird die im Kölbchen befindliche Flüssigkeit von der restlichen Atmosphäre abgeschlossen. Sind die Schenkel ausreichend mit Flüssigkeit gefüllt wird der Hahn 2, der die Apparatur von der Vakuumpumpe trennt, geschlossen. Anschließend wird über den Hahn 1 langsam und vorsichtig Luft einströmen gelassen, bis die Flüssigkeitsmenisken des Hilfsmanometers die gleiche Höhe besitzen. Wichtig ist dabei, dass Luft weder durch Hilfsmanometer noch durch das Kölbchen strömt. Daraufhin wird der Hahn 1 abermals geschlossen und der entsprechende Druck am Hauptmanometer abgelesen. Um weitere Dampfdruckwerte bei unterschiedlichen Temperaturen zu bestimmen und somit weitere Messpunkte aufzunehmen, wird die Temperatur des Thermostats um 5 K erhöht. Wichtig ist, dass sich die dabei ändernden Flüssigkeitsmenisken im Hilfsmanometer durch vorsichtiges Belüften der Apparatur (Hahn 1) ständig ausgeglichen werden.

Für jede manuell eingestellte Temperatur wurde an dem Hauptmanometer ein jeweiliger Druck abgelesen. In den folgenden beiden Tabellen sind für die jeweiligen Stoffe die ermittelten T-p-Wertepaare aufgelistet. Achtung: Der Druck wird dabei in der Einheit Torr angegeben!

Die in den Tab. 4.1 und 4.2 ermittelten Messwertpaare (T, p) können nun gegeneinander in einem Diagramm aufgetragen werden (Abb. 4.2). Daraus ergeben sich

Tab. 4.1 Datenwerte aufgenommen für Wasser

T [K]	313	318	323	328	333	338	343	348	353
p [Torr]	53	70	95	125	168	212	263	318	388

Tab. 4.2 Datenwerte aufgenommen für *n*-Butanol

T [K]	313	318	323	328	333	338	343	348	353
p [Torr]	20	24	32	42	54	70	88	111	143

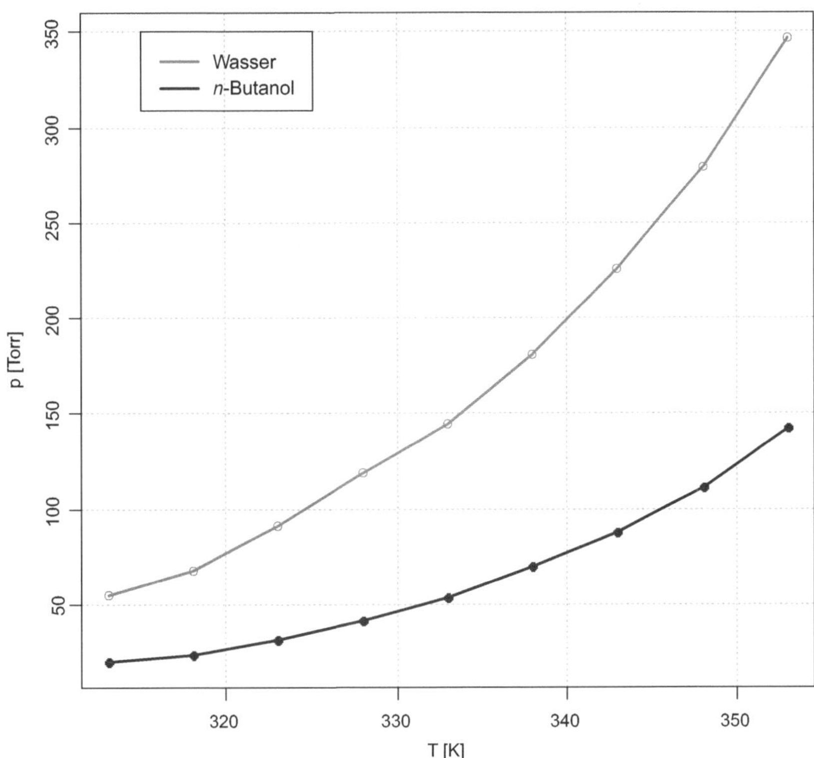

Abb. 4.2 Experimentell ermittelten Dampfdruckkurven für Wasser und *n*-Butanol. (Online farbig)

die Dampfdruckkurven für Wasser und *n*-Butanol, deren Verlauf in guter Übereinstimmung mit Gl. 1.14c annähernd exponentiell ist.

Um aus den Datenwerten die molare Verdampfungsenthalpie für die reinen Flüssigkeiten einfacher bestimmen zu können, müssen die Daten entsprechend transformiert werden, d. h. der Druck auf einer logarithmischen Skala dargestellt werden und der reziproke Wert der Temperatur an der x-Achse eingetragen werden (p → ln p und T → 1/T). Diese halblogarithmische Auftragung veranschaulicht den linearen Zusammenhang zwischen beiden physikalischen Größen. Da für den angegebenen kleinen Temperaturbereich die Verdampfungsenthalpie annähernd konstant ist, kann mithilfe der linearen Regression eine Geradenglei-chung ermittelt werden, aus deren Anstieg sich gemäß Gl. 4.1 die molare Ver-dampfungsenthalpie ermitteln lässt (vgl. Abb. 4.3).

$$-\frac{\Delta_V H}{R} = \frac{\sum (y_i - \bar{y})(x_i - \bar{x})}{\sum (x_i - \bar{x})^2} \tag{4.1}$$

Geradengleichung für Wasser (ohne Einheiten): $y = -5103{,}6x + 20{,}30$

　Geradengleichung für n-Butanol (ohne Einheiten): $y = -5557{,}5x + 20{,}68$

$$\Delta_V H = -(m \cdot R) = -\left(-5103{,}6\,\text{K} \cdot 8{,}31451\,\frac{\text{J}}{\text{mol} \cdot \text{K}}\right) = 42{,}4\,\frac{\text{kJ}}{\text{mol}}$$

$$\Delta_V H = -(m \cdot R) = -\left(-5557{,}5\,\text{K} \cdot 8{,}31451\,\frac{\text{J}}{\text{mol} \cdot \text{K}}\right) = 46{,}2\,\frac{\text{kJ}}{\text{mol}}$$

Durch die Ausgleichsrechnung konnte eine Verdampfungsenthalpie für Was-ser von **42,4 kJ mol^{-1}** ermittelt werden. Dieser Wert gilt streng genommen nur für den angegebenen Temperaturbereich von 313 bis 353 K, da wir mit der Voraussetzung herangegangen sind, dass möglichst kleine Temperaturdifferen-zen zwischen den Messwerten vorliegen sollen. In der Literatur werden für die Verdampfungsenthalpie von Wassers in verschiedenen Temperaturbereichen unterschiedliche Verdampfungsenthalpien bestimmt. Um Vergleiche mit der

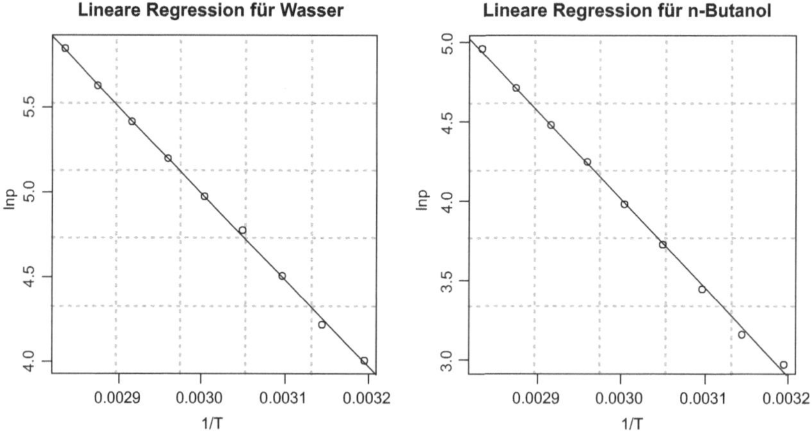

Abb. 4.3 Lineare Regression der aufgenommenen Werte für Wasser und n-Butanol

Literatur machen zu können, wird der Mittelwert des Temperaturbereiches angegeben. Für unseren Fall beträgt die mittlere Temperatur 333 K (60 °C). Der Literaturwert der Verdampfungsenthalpie für Wasser beträgt 40,6 kJ mol^{-1} bei 373 K (100 °C) (McCullough et al. 1952). Die Abweichung vom gemessenen zum Literaturwert beträgt somit ca. 4 %.

Der experimentell bestimmte Wert der Verdampfungsenthalpie für *n*-Butanol liegt mit **46,2 kJ mol^{-1}** im ähnlichen Bereich. Für diese Substanz beträgt der Literaturwert 48,4 kJ mol^{-1}, allerdings bei 25 °C (Nasirzadeh et al. 2004). Die Verdampfungsenthalpie von *n*-Butanol ist im Vergleich zu Wasser um 4 kJ mol^{-1} größer. Es sind also 4 kJ mehr Energieeintrag erforderlich, um 1 mol *n*-Butanol aus der flüssigen Phase in die Gasphase zu überführen.

Diese Abweichungen können von der Nicht-Idealität der betrachteten Flüssigkeiten stammen. Wir dürfen nicht vergessen, dass die *Clausius-Clapeyron*-Gleichung streng genommen nur gilt, wenn sich die verdampfte Flüssigkeit in der Gasphase ideal verhält, d. h. keine attraktiven oder repulsiven intermolekularen Wechselwirkungen herrschen. Des Weiteren ist bis zu einem bestimmten (kleinen) Anteil das molare Volumen der Flüssigkeit nicht vernachlässigbar. Neben diesen systematischen Fehlern muss noch die Messgenauigkeit des verwendeten Isoteniskops beachtet werden. Grundsätzlich gilt für Ablesung des Drucks am Hauptmanometer ein Skalenfehler von der Hälfte der kleinsten Skaleneinheit (hier: ca. 5 Torr). Außerdem ist das Einstellen der Quecksilbermenisken auf dieselbe Höhe mit einem kleinen Fehler von ± 2 Torr behaftet. Die Temperaturmessung mit einem Kapillarthermometer weist ebenfalls Messungenauigkeiten von ca. 1 K auf. Zusammengenommen, können diese Fehler die Abweichung unseres Ergebnisses für die Verdampfungsenthalpien von den in der Literatur zu findenden erklären.

4.2 Übungsaufgaben

Zur Vertiefung des Verständnisses von Zustandsdiagrammen und Dampfdruckkurven sowie der Festigung der Berechnung von thermodynamischen Größen im Verdampfungsgleichgewicht sind im Folgenden einige Aufgaben zu finden. Diese gliedern sich in Verständnisfragen sowie Rechenaufgaben an konkreten Beispielen. Zum Einstieg wird anfangs eine (einfache) Aufgabe vollständig gelöst.

4.2.1   Übungsbeispiel 1 (mit Lösung)

Chloroform ($CHCl_3$) ist eine süßlich riechende, farblose Flüssigkeit, die Normalbedingungen bei 61 °C siedet. Für ihren Dampfdruck bei einer Temperatur von 20 °C wurde ein Wert von 209 hPa bestimmt. Berechnen Sie daraus

a) die molare Verdampfungsenthalpie $\Delta_V H$
b) die molare Verdampfungsentropie $\Delta_V S$

Lösung

a) Die Verdampfungsenthalpie kann über die *Clausius-Clapeyron*-Gleichung ermittelt werden. Dafür müssen mindestens zwei T-p-Wertepaare bekannt sein. In unserem Fall ergibt sich der eine Punkt der Dampfdruckkurve aus der Messung: p (20 °C = **293,15 K**) = 209 hPa = **2,09 × 10⁴ Pa.** Das zweite Wertepaar erhalten wir aus der Angabe der Siedetemperatur von 61 °C = **334,15 K.** Dabei muss der Dampfdruck genau dem äußeren Luftdruck entsprechen, d. h. p_2 = **101,325 Pa.**

Für zwei Wertepaare kann die *Clausius-Clapeyron*-Gleichung geschrieben werden als:

$$\ln \frac{p_2}{p_1} = \frac{-\Delta_V H}{R} \cdot \left(\frac{1}{T_2} - \frac{1}{T_1} \right)$$

Umstellen nach der Verdampfungsenthalpie liefert:

$$\Delta_V H = -\frac{R \ln \frac{p_2}{p_1}}{\left(\frac{1}{T_2} - \frac{1}{T_1} \right)} = -\frac{8,314 \, \text{J mol}^{-1} \, \text{K}^{-1} \cdot \ln \frac{101325 \, \text{Pa}}{20900 \, \text{Pa}}}{\left(\frac{1}{334,15 \, \text{K}} - \frac{1}{293,15 \, \text{K}} \right)} = \mathbf{31{,}355 \, kJ \, mol^{-1}}$$

Die molare Verdampfungsenthalpie von Chloroform beträgt (im Bereich von 20 °C bis 61 °C) 31,36 kJ/mol.

b) Da nun die molare Verdampfungsenthalpie bekannt lässt sich daraus leicht die molare Verdampfungsentropie berechnen. Es ist zu beachten, dass folgender Zusammenhang nur bei reversiblen Prozessen (wie beispielsweise dem Verdampfen) gilt!

$$\Delta_V S = \frac{\Delta_V H}{T_{\text{Siede}}} = \frac{31355 \, \text{J mol}^{-1}}{334,15 \, \text{K}} = \mathbf{93{,}84 \, J \, mol^{-1} \, K^{-1}}$$

Die molare Verdampfungsentropie von Chloroform beträgt 93,8 J/(mol · K).

4.2.2 Verständnisaufgaben

1. Durch die Dampfdruckkurve werden die Bedingungen für einen Stoff gegeben, bei welchen Drücken und Temperaturen sein Flüssigzustand mit seinem Gaszustand koexistiert. Wenn wir nun allerdings einen See (aus flüssigem Wasser) beobachten, können wir darüber trotzdem eine Luftfeuchtigkeit (gasförmiges Wasser) wahrnehmen, auch wenn sich der äußere Luftdruck ändert. Wie erklärt sich dieser Widerspruch?
2. Wie oben erwähnt, ist der Tripelpunkt ein ausgezeichneter Punkt in einem p-T-Zustandsdiagramm, bei dem drei verschiedene Phasen im Gleichgewicht stehen. Gibt es auch Tripelpunkte, die sich nicht auf das Fest-Flüssig-Gasförmig-Gleichgewicht beziehen?
3. Bei den Ausführungen zur *Clausius-Clapeyron*-Gleichung wurde auch die empirische Formel von Antoine vorgestellt. Aus dieser kann ebenfalls die Verdampfungsenthalpie als eine Funktion der Temperatur dargestellt werden. Leiten Sie diesen Zusammenhang ausgehend von der Antoine-Gleichung her!

4.2.3 Rechenaufgaben

4. Schmelz, Siede-, Tripel- und Siedepunkte von reinem CO_2 wurden experimentell bestimmt. Konstruieren Sie davon ausgehend ein Phasendiagramm für CO_2 (nicht maßstäblich)! Die Sublimationstemperatur bei Normaldruck beträgt 194,7 K, der Siededruck bei Raumtemperatur beträgt 67 bar. Der Tripelpunkt ist durch eine Temperatur von 216,8 K und einen Druck von 5,1 bar gegeben. Der kritische Punkt befindet sich bei einer Temperatur von 304,2 K und einem Druck von 72,8 bar.
   Tragen Sie zusätzlich die untenstehenden T-p-Wertepaare in das Diagramm ein und geben Sie die Phasen an, die bei diesen Bedingungen vorliegen!
   194,7 K; 5,1 bar
   216,8 K; 40,5 kPa
   242,8 K; 2 MPa
   303,1 K; 72,8 bar
5. Der Dampfdruck von flüssigem SO_2 beträgt bei −72 °C 2232 Pa und die Verdampfungsenthalpie 24,9 kJ/mol. Berechnen Sie den Siedepunkt bei normalen und Standardbedingungen!
6. In einem Isoteniskop wurden bei verschiedenen Temperaturen die Dampfdrücke von Benzen bestimmt. Stellen Sie die Werte grafisch dar und berechnen

Sie aus <u>allen</u> Werten die Verdampfungsenthalpie! *(Tipp: Nutzen Sie die Methode der kleinsten Fehlerquadrate)*

T/K	p/Torr
287,7	57,7
293,8	77,5
300,1	103,8
308,4	150,0
317,5	217,3
328,0	325,2
334,0	402,8

7. Die Verdampfungsenthalpie für Wasser beträgt laut Literatur unter normalen Bedingungen 40,6 kJ/mol und die Siedetemperatur liegt bei 373,15 K. Berechnen Sie die Siedetemperatur des Wassers auf dem Kilimandscharo in Afrika (ca. 5900 m über dem Meeresspiegel), wo der Luftdruck 350 Torr beträgt!

8. In der biotechnologischen Industrie werden häufig Autoklaven eingesetzt, die zur Sterilisation von Laborgeräten und Lebensmittel dienen. Zum Abtöten aller Bakterien muss die Temperatur des Wasserdampfes im Autoklaven bei mindestens 130 °C liegen. Bei welchem Druck muss das Gerät betrieben werden, damit die vollständige Sterilisation gelingt? Verwenden Sie dazu die Siedetemperatur und die Verdampfungsenthalpie von Wasser aus dem vorangegangenen Beispiel!

9. *Schwerere Aufgabe:* Der Dampfdruck eines unbekannten Feststoffs (!) wird durch folgende Gleichung beschrieben:

$$\ln \frac{p}{[\text{Torr}]} = 22{,}413 - 2035 \cdot \frac{[\text{K}]}{T}$$

Der Dampfdruck der Flüssigphase desselben Stoffs wird mit folgender Gleichung beschrieben:

$$\ln \frac{p}{[\text{Torr}]} = 18{,}352 - 1736 \cdot \frac{[\text{K}]}{T}$$

Berechnen Sie aus diesen Angaben:
a) Verdampfungsenthalpie und Sublimationsenthalpie
b) Schmelzenthalpie
c) Tripelpunkttemperatur und -druck!

Was Sie aus diesem *essential* mitnehmen können

- Das Verdampfen von Stoffen stellt eine Phasenumwandlung dar, die zu einem thermodynamischen Gleichgewicht führt
- Mithilfe der *Clausius-Clapeyron*-Gleichung können verschiedene Verdampfungsgleichgewichte über die Ermittlung der Verdampfungsenthalpie charakterisiert und miteinander verglichen werden
- Mithilfe der Isoteniskopmethode lassen sich Dampfdrücke unterschiedlicher Flüssigkeiten einfach messen
- Wasser/Wasserdampf-Kreisläufe spielen eine tragende Rolle in vielen technischen und natürlichen Vorgängen

© Springer Fachmedien Wiesbaden GmbH 2018
M. Schulze und P. Seidel, *Verdampfungsgleichgewicht und Dampfdruck,*
essentials, https://doi.org/10.1007/978-3-658-19863-3

Literatur

Almeida ARRP, Monte MJS (2013) A brief review of the methods used to evaluate vapour pressures and sublimation enthalpies. Struct Chem 24(6):1993–1997. doi:10.1007/s11224-013-0290-5

Behr A, Agar DW, Jörissen J, Vorholt A (2016) Einführung in die Technische Chemie. Springer, Berlin

Bilde M, Barsanti K, Booth M, Cappa CD, Donahue NM, Emanuelsson EU et al (2015) Saturation vapor pressures and transition enthalpies of low-volatility organic molecules of atmospheric relevance. From dicarboxylic acids to complex mixtures. Chem Rev 115(10):4115–4156. doi:10.1021/cr5005502

Booth HS, Halbedel HS (1946) The Fluorination of *n*-Propyl Trichlorosilane. J Am Chem Soc 68(12):2652–2654. doi:10.1021/ja01216a070

Bruice PY, Lazar T (2013) Organische Chemie. Pearson Studium, München

D'Ans J, Lax E (1949) Dampfdruckdiagramme verschiedener Mischungen. Taschenbuch für Chemiker und Physiker. Springer, Berlin, S 898 ff.

Engel T, Reid P (2009) Physikalische Chemie. Pearson Studium, München

Fiebelmann R (2012) Grundlagen Dampfkühlung. Spirax Sarco. http://www.spiraxsarco. com/global/de/News/Documents/Dampfkuehlung.pdf. Zugegriffen: 17. Juli 2017

Henning F, Stock A (1921) Über die Sättigungsdrucke einiger Dämpfe zwischen +10 und −181°. Z Phys 4:226–240. doi:10.1007/BF01328619

Jessen C (2000) Temperature regulation in humans and other mammals. Springer, Berlin. S 193

Kienitz H (1955) Bestimmung des Dampfdrucks. In Müller E (Hrsg) Methoden der organischen Chemie, Georg Thieme, Stuttgart, S 291–292

McCullough JP, Pennington RE, Waddington G (1952) A calorimetric determination of the vapor heat capacity and gas imperfection of water. J Am Chem Soc 74:4439–4442. doi:10.1021/ja01137a061

Nasirzadeh K, Zimin D, Neueder R, Kunz W (2004) Vapor-pressure measurements of liquid solutions at different temperatures: apparatus for use over an extended temperature range and some new data. J Chem Eng Data 49:607–612. doi:10.1021/je034197x

Rubner F (2005) Druckmesstechnik. Oldenburg, München

Schwab AJ (2009) Elektroenergiesysteme. Erzeugung, Transport, Übertragung und Verteilung elektrischer Energie. Springer, Berlin

© Springer Fachmedien Wiesbaden GmbH 2018

51

M. Schulze und P. Seidel, *Verdampfungsgleichgewicht und Dampfdruck,* essentials, https://doi.org/10.1007/978-3-658-19863-3

Smith A, Menzies AWC (1910) Studies in vapor pressure III. A static method for determining the vapor pressures of solids and liquids. J Am Chem Soc 32(11):1412–1434. doi:10.1021/ja01929a006

Stock A, Henning F, Kuß E (1921) Dampfdrucktafeln für Temperaturbestimmungen zwischen +25° und −185°. Ber dtsch Chem Ges 54(5):1119–1129. doi:10.1002/cber.19210540531

Unbekannt, NOAA Library Collection. http://www.photolib.noaa.gov/htmls/libr0367.htm. Zugegriffen: 5. Juli 2017

Usemann K, Gralle H (1997) Bauphysik: Problemstellungen, Aufgaben und Lösungen. Vieweg & Teubner, Wiesbaden, S 18

Wagner W, Saul A, Pruss A (1994) International equations for the pressure along the melting and along the sublimation curve of ordinary water substance. J Phys Chem Ref Data 23:515–527. doi:10.1063/1.555947

Weichert L (1992) Temperaturmessung in der Technik: Grundlagen und Praxis. Expert, Ehringen bei Böblingen

Weiterführende Literatur

Bachmann W (1964) Manometrie: Theorie und Praxis der Druckmessung. Fachbuchverlag, Leipzig

Haynes WM (2016) CRC Handbook of Chemistry and Physics, Taylor & Francis, Boca Raton

Kienitz H (1955) Bestimmung des Dampfdrucks. In: Müller E (Hrsg) Methoden der organischen Chemie, Georg Thieme, Stuttgart, S 255–324

Stock A (1917) Über die experimentelle Behandlung kleiner Mengen flüchtiger Stoffe. Ber dtsch Chem Ges 50(1):989–1008. doi:10.1002/cber.191705001153

Walter W (2003) Wasser und Wasserdampf im Anlagenbau. Vogel, Würzburg

Wedler G (2004) Physikalische Chemie. Wiley-VCH, Weinheim, S 299–372 (Kap. 2.5)

Wolf G (1978) Lehrwerk Chemie: Chemische Thermodynamik. VEB Grundstoffindustrie, Leipzig, S 148–189 (Kap. 6 Phasengleichgewichte)